《历史老城区保护传承规划设计》

撰写（调研）组

组　长： 李　勤

副组长： 胡　炘　刘怡君

成　员： 程　伟　刘钧宁　裴兴旺　李文龙　陈　旭　孟　海
张　扬　田　卫　武　乾　李慧民　贾丽欣　郭海东
熊　雄　熊　登　谷　玥　赵鹏鹏　于光玉　田伟东
尹志洲　郁小茜　杨晓飞　肖琛亮　张　倩　豆　倩
钟慧娟　董美美　田梦堃　孟　江　段品生　钟兴举
李温馨　张广敏　郭　平　柴　庆　杨战军　华　珊
陈　博　王　莉　万婷婷　王　楠

历史老城区保护传承规划设计

李 勤　胡 炘　刘怡君　著

北 京
冶 金 工 业 出 版 社
2019

内容提要

本书全面系统地论述了历史老城区保护传承规划设计的基本原理与方法。全书共分 8 章，第 1~3 章分别阐述了老城区保护传承规划设计的基础、理论、内涵等；第 4 章着重探讨了城区中老街区、老住宅区、老工业区保护传承再生重构设计的原则、内容与模式；第 5~8 章则从不同角度结合工程实例介绍了研究成果的应用。

本书可供从事城乡规划、建筑设计工作的专业人员阅读，也可供大专院校相关专业的师生参考。

图书在版编目（CIP）数据

历史老城区保护传承规划设计 / 李勤，胡炘，刘怡君著．—北京：冶金工业出版社，2019.3

ISBN 978-7-5024-7997-8

Ⅰ．①历…　Ⅱ．①李…　②胡…　③刘…　Ⅲ．①旧城保护—研究—中国　②城市规划—建筑设计—研究—中国　Ⅳ．① TU984

中国版本图书馆 CIP 数据核字（2019）第 034210 号

出 版 人　谭学余

地　　址　北京市东城区嵩祝院北巷 39 号　邮编　100009　电话（010）64027926

网　　址　www.cnmip.com.cn　电子信箱　yjcbs@cnmip.com.cn

责任编辑　杨　敏　美术编辑　吕欣童　版式设计　彭子赫　孙跃红

责任校对　卿文春　责任印制　牛晓波

ISBN 978-7-5024-7997-8

冶金工业出版社出版发行；各地新华书店经销；北京博海升彩色印刷有限公司印刷

2019 年 3 月第 1 版，2019 年 3 月第 1 次印刷

787mm × 1092mm　1/16；14 印张；338 千字；212 页

79.00 元

冶金工业出版社　投稿电话（010）64027932　投稿信箱　tougao@cnmip.com.cn

冶金工业出版社营销中心　电话（010）64044283　传真（010）64027893

冶金工业出版社天猫旗舰店　yjgycbs.tmall.com

前　言

老城区是人类社会物质文明和精神文明的结晶，也是一种独特的文化现象。城市在其发展演变过程中所经历的沧桑变化，显示并着重说明了城市的发展是具有延续性规律的，历史保护就是要保持历史发展的延续性，因此它不仅应侧重于历史古迹的保护，还要保护那些表面似乎破旧，但反映城市过去发展历程的历史街区、中心区和旧城区部分。因此，对历史老城区进行有针对性的保护与更新，不但具有重要性，而且具有紧迫性。

本书对历史老城区保护传承规划设计的基本原理与方法进行了比较全面系统的论述。全书共分 8 章。其中第 1~3 章分别阐述了历史老城区保护传承规划设计的基础知识、理论依据、设计价值等，建立了老城区保护传承规划设计的理论体系；第 4 章着重探讨了老街区、老住宅区、老工业区保护传承再生重构设计的原则、内容、模式、方法等，构架了历史老城区保护传承规划设计的工作程序与内涵；第 5~8 章依次剖析了老街区、老住宅区、老工业区、综合区域保护传承规划设计的 12 个典型案例，从不同角度结合再生重构项目将研究成果进行了应用。

本书主要由李勤、胡炘、刘怡君撰写。各章分工为：第 1 章由李勤、胡炘、熊雄、刘怡君撰写；第 2 章由刘怡君、胡炘、谷玥、程伟撰写；第 3 章由李勤、贾丽欣、刘钧宁、赵鹏鹏撰写；第 4 章由胡炘、李勤、熊登、于光玉撰写；第 5 章由李勤、程伟、熊雄、尹志洲撰写；第 6 章由胡炘、熊登、刘钧宁、郁小茜撰写；第 7 章由李勤、刘怡君、程伟、于光玉撰写；第 8 章由李勤、刘钧宁、胡炘、田伟东、谷玥撰写。

本书内容所涉及的研究得到了国家自然科学基金资助项目“生态安全约

束下旧工业区绿色再生机理、测度与评价研究”（51808424）、住建部课题“生态宜居理念导向下城市老城区人居环境整治及历史文化传承研究”（2018-KZ-004）、北京市社会科学基金“宜居理念导向下北京老城区历史文化传承与文化空间重构研究”（18YTC020）、苏州天地源金山置业有限公司课题“城市老街区保护传承规划设计研究”、2018北京建筑大学市属高校基本科研业务费青年教师自由探索与创新项目“基于文化传承理念的城市老城区人居环境整治及空间再造研究”（X18262）、北京建筑大学未来城市设计高精尖创新中心资助项目“创新驱动下的未来城乡空间形态及其城乡规划理论和方法研究”（UDC2018010921）及“城市更新关键技术研究——以展览路社区为例”（UDC2016020100）的支持，此外在撰写过程中还得到了北京建筑大学、苏州天地源金山置业有限公司、西安建筑科技大学、中冶建筑研究总院有限公司、中天西北建设投资集团有限公司、案例项目所属单位等的大力支持与帮助。同时在撰写过程中还参考了许多专家和学者的有关研究成果及文献资料，在此一并向他们表示衷心的感谢！

由于作者水平有限，书中不足之处，敬请广大读者批评指正。

作　者

2018年11月

目　　录

1　老城区保护传承规划设计基础

老城区是时代更替的历史文化产物，是精神文明的标杆，见证着城市兴衰变化的发展历程。随着城市化进程的加快，老城区的现状堪忧，大量的历史建筑和风貌随着其变更沉沦。在对老城区进行保护传承的基础上进行适当的改造规划设计，改善其破败的面貌，优化其产业结构，实现空间的再生重构，使老城区的历史遗产得到更替与继承。

1.1　老城区的内涵与发展

作为时代的沉淀物，老城区见证了城市的发展；作为居民生活的场所，是文化记忆的储存罐；作为精神文明的象征，其内涵深刻而悠远。老城区又承载着大量的历史建筑，其价值意义凸显，同时大量的文化遗产，又沉淀了老城区的历史内涵。

1.1.1　老城区的界定与现状

1.1.1.1　老城区的界定

本书的研究对象为国内广泛存在的一般老城区。然而，在既有的正式文献中，并未直接对“老城区”进行界定，与之相关的研究概念则有“旧城”“古城”“历史城区”等，对其辨析如表 1.1 所示。

表 1.1　老城区相关概念界定辨析

概念	定　义	代表类型（如图 1.1 ~ 图 1.3 所示）
旧城	一般以“旧城改造”、“旧城更新”的组合形式出现。旧城一般规模不大，主要指在 18 世纪以后发展起来并保留了一定时期的面貌、具备历史文化特色的城区	北京旧城（指明清时期北京护城河及其遗址以内的区域，这一界定更接近下文中的“古城”）
古城	古城是指在 18 世纪以前已发展起来，并保存着当时风貌的城区。古城通常具有明确的边界（一般形式为城墙）、较为完整的格局和历史风貌，并保留有一定数量的历史建筑群	平遥古城、苏州古城、凤凰古城、丽江古城等
历史城区	历史城区在《历史文化名城保护规划规范》中的定义是指“城镇中能体现其历史发展过程或某一发展时期面貌的地区”，这一定义实际包含了“旧城”与“古城”。然而规范同时指出，“本书中指的是历史城区中历史范围清楚、格局和风貌相对完整的需要保护控制的地区”	西安历史城区、广州历史城区、澳门历史城区等

图 1.1　北京旧城　　图 1.2　平遥古城　　图 1.3　澳门历史城区

1.1.1.2　老城区的现状

A　老城区的保护状况

对于历史城市以及老城区，我国主要采用“历史文化名城”的法定概念，《文物保护法》中将国务院核定公布的城市定义为历史文化名城的特殊概念，主要用于保护文物比较丰富具有重大历史价值或者革命纪念意义的城市。自从 1982 年以来，我国国务院公布了大量的国家及历史名城，如图 1.4 所示，从立法上使一部分城市得到了规划保护。

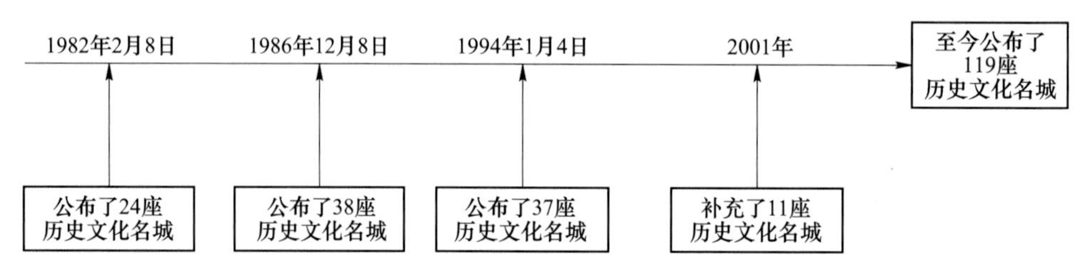

图 1.4　历史文化名城发展时间轴

在本书中，老城区的概念主要指历史城区（historical urban area），即城镇中可以反映其历史发展过程或某一发展阶段的区域，以及涵盖具有一定历史文化文脉，能够体现城市发展过程中或某一发展时期特定风貌的历史城区。它涵盖了一般所指的古城区和旧城区。在我国于 2005 年 10 月 1 日起颁布实施的《历史文化名城保护规划规范》中，历史城区是指历史范围明确、格局风貌完整、需要保护的区域。

B　老城区历史风貌堪忧

由于市场发展的作用，老城区传统建筑与街坊的保护颇受影响，老城区已逐渐丧失历史传统的印记，其风貌缺失问题严重，导致特色风貌损失的原因归纳为以下几个方面，如图 1.5 所示。

1.1.2　老城区的类型与特征

1.1.2.1　老城区的类型

老城区的类型具有多样化的特点，针对不同的特征可以分成不同的类型模式。本书依据老城区的功能特征，将老城区的类型大致归为老街区、老工业区、老住宅区三种，如图 1.6 所示。

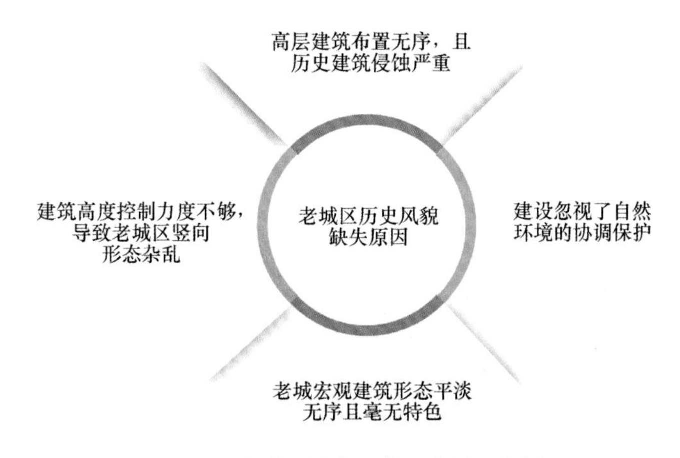

图 1.5 老城区历史风貌缺失原因分析

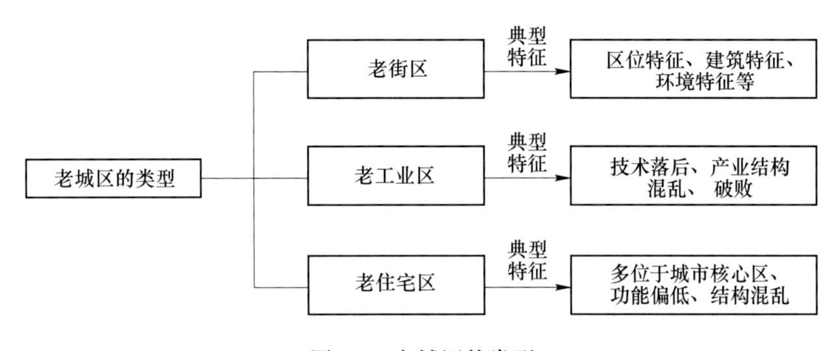

图 1.6 老城区的类型

（1）老街区。一般指具有历史文化载体的城市发展区域，其内含的历史文脉彰显了城市特色，完整历史特色的人文景观和建筑风貌使其独具一格。老街区主要分为商业街区和文化街区等几种类型。

（2）老工业区。一般建于解放初期，为了响应当时的城市建设方针"变消费城市为生产城市"，填补既有老城内空白，建立工业厂房，并逐步形成的区域。由于生产设施的落后，大部分的老城区工业处于停产或半停产的状态，这也为老工业区的改造创造了机会。老工业区主要分为内陆封闭型老工业区和滨水开放型老工业区、原料采掘型老工业区和产品加工型老工业区等几大类型。

（3）老住宅区。居住是城市的四大基本功能之一，是城市中主要的功能类型，由于历史的原因导致在老城区中大部分以居住为主。近些年，居住小区模式在大中城市中如雨后春笋般爆发，极大地提升了广大老百姓的居住环境标准。

1.1.2.2 老城区的特征

任何现代的城市都有值得回忆的历史。老城区是一个城市更新演替的重要见证，在过去几百年的城市发展和演变过程中，我国大量老城区经历了不同程度的整治和改造，致使原有独特的传统特色风貌在逐步消失。我国老城区的现状特征主要表现为以下几方面：

（1）空间格局混乱。我国大多数老城区的城墙在解放初期都被拆除，由于交通工具的革新，老城区内部原有街道尺寸多次被拓宽，如图 1.7、图 1.8 所示，形成了公共空间、居民楼包围传统民居的格局。老城区内公共活动场所的亲切感、凝聚力基本消失，老城区低层建筑和高密度的空间格局受到严重破坏。

图 1.7　空间格局杂乱

图 1.8　居民楼垄断

（2）交通问题频发。由于交通方式的改革，我国大部分老城区内的主要道路虽然都经过了大规模的改造，然而历史交通工具的适宜尺度所造就的历史街巷宽度、人口密度、建筑体量等现状，造成了大量进出老城区的交通直接混入城市交通，人行、车行交通方式混杂，如图 1.9 所示，缺乏统一的控制规划，进而导致老城区内交通阻塞严重。虽然部分城市的老城区道路被划为步行街，但建筑体量和道路宽度等客观条件不能满足防火救灾的要求，这也成为严重限制老城区健康发展的重要因素之一。

（3）景观风貌丧失。由于缺乏统一的规划设计及景观引导控制，老城区内大型建筑、修缮更新建设各自为政，使得老城区内景观风貌难以统一。建（构）筑物风格各异，景观整体效果不佳，体量大同小异，建筑高度得不到有效控制，严重破坏了老城区内的景观风貌氛围，如图 1.10 所示。

图 1.9　交通混乱

图 1.10　山西榆次老城风貌

（4）文化文脉断失。对于西安、南京、杭州等历史文化名城而言，老城区不再仅仅是传统历史文化保护的重点，同时，它也兼承着城市文化文脉传承的重要任务。在过去的几十年里，这些城市的老城区都进行过一系列的改造及整治活动，如拓宽街巷、拆迁民居、修建仿古街道。老城区内的传统风貌和空间格局的历史特征及完整性已完全丧失。如图1.11所示，老城区中许多具有历史文化特色的民居建筑，早已被无序的建设取代。

（a）

（b）

图1.11　新疆喀什老城区高台民居

（a）高台民居（一）；（b）高台民居（二）

1.1.3　老城区的变迁与发展

1.1.3.1　老城区的变迁

老城区的变迁、发展不是孤立的。随着城市的历史变迁，新的城市面貌不仅仅是城市基础设施的变化，还是建立在建筑营造活动丰富的前提下。历史性建筑往往是老城区发展更替年轮的映射，城市新面貌、道路新面貌，都能反映建筑的变迁，也就是老城区的变迁。本书结合近代历史性建筑的变迁以及保护利用，以昆明老城区这个大背景为例，来阐述老城区的变迁发展。

A　清末民初至新中国成立初期

19世纪末，随着列强入侵，古老的昆明城发生了巨大的变革。1905年自辟商埠开放和1910年滇越铁路的全线开通，是近代城市形态发展的主要因素。为了防范外人，洋行、银行、海关、火车站、工厂、仓库等现代机构均建在城外。这往往导致城郊商业功能的兴起和老城区的衰落，城市中心向火车站和商业港口迁移。

工商业的发展不仅使传统的城墙和护城河失去了防御功能，而且成为扩大城市交通的障碍。抗日战争爆发后，众多学校和工厂迁到昆明这个抗战后方。这些近代城市物质元素的引入，城市向四周蔓延，不再局限以清城墙划分的城内外。到1949年，城区范围已经完全包括了清城址范围。

B　新中国成立初期至今

1953年编制的昆明城市初步规划提出：昆明是一座历史悠久的城市，其城市布局应在既有基础上向外延伸，不能避开旧市区另辟新区。这基本奠定了老城区在未来城市结构形态布局中的地位。

在经过十年“文化大革命”的城市发展的停滞时期之后，城市开始发展且步上正轨。

1982年政府编制了昆明城市总体规划，1987年又编制了总体规划调整大纲，这些规划指导了20世纪80年代老城区以改造为主，这一时期的大规模拆迁和大规模建设使老城区面貌发生了很大的变化。

20世纪90年代是昆明建设最快的一个时期，老城区的正义路、南屏街等传统商业街更加繁华，但是城市建设使得很多历史文化遗产逐渐消失。同时，针对历史文化名城的保护工作也开始了，如对旧的文化历史街区进行修缮，使得昆明深厚的历史文化底蕴得到及时的保留。

自20世纪90年代中期以来，对于昆明历史文化的保护方式已不再局限于城市风貌格局的延续，渐渐开始注重保护其具有代表性的历史文化街区与历史建筑。这也是老城区的发展方向，在建设中尽可能多地保存历史文化。

1.1.3.2 老城区的发展

A 老城区发展困境

（1）资源匮乏、承载力弱、发展空间不足。老城区的人均公共设施、基础设施和公共绿地的比例相对较低。城市发展面临着人口密集、建筑密度高、缺乏土地资源和交通支持等发展“瓶颈”。

（2）开发复杂艰难、成本过高。拆迁补偿费用过高已成为老城区发展的主要制约因素。拆迁补偿是老城区项目中最大的难点，开发商不仅要进行拆迁补偿，还需要为道路扩建和市政管线更新等市政配套设施的变更承担相应的费用。与此同时，由于商业企业的拆迁成本导致的城市房价上涨，又反过来抬高老城区“影子地价”。在这两种需要因素的共同作用下，老城区的拆迁补偿比重在总建设投资中飞速上升。

（3）城市历史文化保护与发展的矛盾突出。在过去的城市建设中，我国大部分城市的老城区改造都以“推土机式”的方式进行，大规模的历史风貌遭到破坏。例如，在城市更新和老城区改造过程中，济南老火车站被拆除；杭州中国美术学院旧校区完全拆除重建等。

B 老城区发展对策建议

（1）空间结构重构。空间结构的重构是实现城市可持续发展的重要途径。在老城区的改造过程中，有必要调整城市区域的空间布局。如疏散过量的人口，迁出不宜布置的工厂企业，更新滞后的基础设施。

（2）产业结构调整。产业结构的调整是城市发展的核心动力，城市现代化发展的过程实际上就是一个产业结构持续优化与升级的动态变化过程。

（3）制度创新。制度创新是促进老城区可持续发展的持久动力和根本途径。通过制度创新，老城区能够改变竞争格局，使原本处于有利地位的城区变得更加有利，并改变原来处于不太有利地位的城区。

1.1.4 老城区的文化与价值

1.1.4.1 老城区的文化

A 老城区文化特征

老城区是历史淘沙的沉淀物，见证着城市的蜕变，每个老城区都有自己的文化和独特的内涵，导致其文化的特征也丰富多彩。本书将从四个方面对老城区的文化特征进行阐述，如图 1.12 所示。

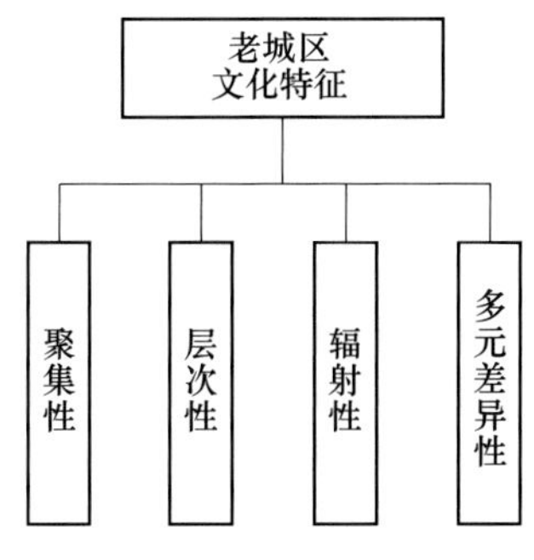

图 1.12　老城区文化特征

（1）聚集性。城市具有独特的向心力，文化涵盖面和凝聚力的增强，以及各类文化元素在城市中聚集和繁荣，形成城市特有的形象和魅力。城市积累的文化不仅包含古代和现代的文化，还囊括外来的和民族本身的文化。这些文化在城市中不断积累、融合、渗透和创新，为创造城市特色营造了机遇。

（2）层次性。文化是物质财富和精神财富，是人类通过历代的生存和发展而创造出来的。从城市文化本身角度而言，它是一个多层次的、综合的、复杂的统一体，其自身形象的构建可分为物质文化层、行为文化层和观念文化层。

（3）多元差异性。工业化和信息化的推进以及城市生活品质的差异性，改变了人的生存含义，使得人们不断强化人类生存共性中的个性差别。而城市正是各种民族、各种文化相互混合以及相互作用的载体，城市文化的多元差异性，将城市的内在活力和潜力极大地激发出来，增加了相互认知，为不同文化背景的人群创造出新的城市吸引力。

（4）辐射性。城市的形成为城市间人流、物流、财富流、信息流的频繁互动提供了极为便利的场所，让不同领域的文化在各城市间交流和发展，并辐射城市四周，增强城市间人群的认同感，形成良好的邻里关系，促进各城市文化的发扬和传承。

B　老城区文化类型

现代文化理论的新发展为城市发展理论带来了新的启示。随着时间的推移，老城区文化是自下而上的崛起，而非自上而下的传递，如图 1.13 所示，此特征确保了老城区文化的大众性和多样化。老城区需要繁荣的文化经济，以改善这里的社会和经济条件，并为促进该地区的生活发挥积极而有益的作用。

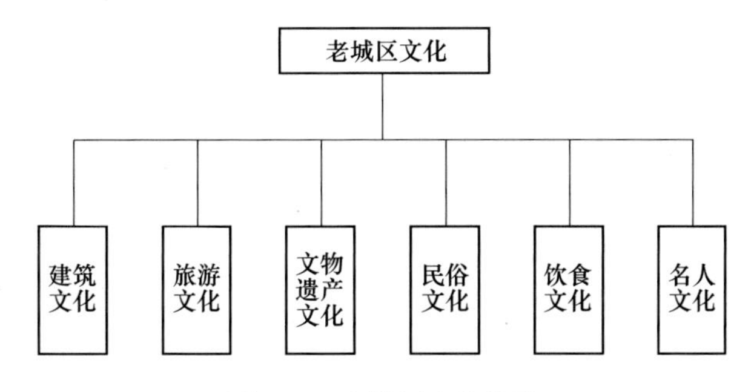

图 1.13　老城区文化类型

（1）建筑文化。城市的建筑彰显着城市形象，具有深厚的文化底蕴。老城区的建筑风貌体现着过去与现在、传统与现代的文化传承能力，这种能力的高低展示着城市的审美情趣和个性特征，对老城区的文化形象乃至整体形象都至关重要，如图 1.14、图 1.15 所示。

（2）旅游文化。旅游活动和文化不可分割，无论是自然旅游资源还是人文旅游资源，它们都是老城区文化强大生命力的增长点。其增强了游客与当地居民的互动性，并推动老城区的经济发展，如图 1.16、图 1.17 所示。

（3）文物遗产文化。老城区中具有许多历史、艺术和科学价值的文物，如图 1.18、图 1.19 所示。历史上各时代的重要物件、艺术品、文献、手稿、书籍等可移动文物都是文化遗产的宝贵财富，它是一个重要的传承基因，集中体现城市历史风貌、特色并彰显城市个性，具有不可再生性。

图 1.14　云南丽江古城

图 1.15　广西田州古城

图 1.16　湖南凤凰古城

图 1.17　河北滦州古城

图 1.18　四川天雄关古遗址

图 1.19　山西应县木塔

（4）民俗文化。民俗是一种基于人们生活、习惯、情感和信仰而产生的文化。沿着历史的痕迹，在老城区中凝聚的各地域集居民众所创造、共享和传承的风俗生活习惯，是老城区一道靓丽的风景线，体现着人们生产生活过程中的物质和精神文化。在老城区中可以选择性地保留其精华基因加以更新传承，营造城市的特色文化，如图 1.20、图 1.21 所示。

图 1.20 广西瑶族民俗风情

图 1.21 内蒙古乌兰察布民俗风情

（5）饮食文化。中华饮食文化内涵丰富，概括为“精致、悦目、坠情、礼数”四个词组，反映了饮食活动中饮食质量、审美体验、情感活动和社会功能的独特文化。在老城区的更新中，良好地继承发扬当地特色饮食文化，在创造经济价值的同时增强城市居民的认知和归属感，成为老城区文化不可缺失的环节，如图 1.22、图 1.23 所示。

图 1.22 湖南长沙臭豆腐

图 1.23 湖北武汉热干面

（6）名人文化。名人是一个城市的代表性旗帜之一，大多数城市都会和一些历史名人的光辉密切相关。精神和意识、观念和理论、知识和素质、情操和品格的高度凝聚是名人文化的实质。名人的优雅辐射了一个地域独特的人文特征。为了继承发展城市精神，可以将历史文化名人曾有过的理念和成就融入城市精神中，让名人文化进入群众生活，以微妙的方式提高市民的文化素质和文明，突出老城区的文化特色，对当地社会、经济发展做出更大贡献，如图 1.24、图 1.25 所示。

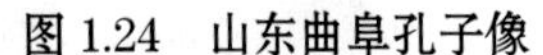
图 1.24　山东曲阜孔子像

图 1.25　湖北蕲春李时珍像

C　文化传承在老城区再生重构中的作用

（1）老城区居民的精神支柱。从社会价值角度来看，文化传承是内部动力，促进着市民自身素质的提高和文明城市的建设。人文精神和创造精神影响着老城区经济的发展。老城区的文化环境是城市的灵魂，它涵盖了社会风气、民俗风情和信息传播等各种文化现象和活动，以及与之匹配的文化措施。城市居民不仅是文化活动的直接力量和热情参与者，而且是重要的生产力因素。对于城市文化而言，在积极创造和传承各类元素的同时，将为城市经济发展和社会全面进步提供强大的精神动力和智力支持。

（2）老城区经济的产业支柱。从经济价值角度来看，文化传承是促进老城区经济可持续发展的中坚力量。同时文化产业是被誉为未来最具发展前景的产业之一。在文化资源的开发带动下，城市经济效益和社会效益可以迎来双丰收。越来越多的人意识到，各种形式的经济活动，不同程度的文化或文化符号，将会良好地催生城市经济发展。在社会各个领域，在经济与文化的共生互动中，文化生活虽被经济生活所制约，但其却是经济建设的宝贵财产。

（3）创建老城区的人文环境。在经济快速发展的市场环境下，社会文化环境质量的高低在一定程度上决定着经济活动能否正常、协调、高效的运行，文化在城市环境构成中发挥着非凡的作用。例如，建筑艺术、园林艺术、街景、文化设施等都塑造了城市的文化形象，体现了城市的文化风格。优良的人文环境已被同等经济基础的城市和地区视为生存和发展的重要前提，甚至被当成城市生存发展的目的。

1.1.4.2　老城区的价值

老城区是历史变革的产物，是时代更替的见证，是历史文化的遗产，作为承载着城市发展变更记忆的容器，其价值意义凸显，老城区的价值主要体现在以下三个方面：

（1）认知价值。老城区形态具有教育认知价值。老城区的历史遗产无论属于哪个时代，都是无可厚非的历史见证者，因此，它满足我们建立关于政治的、习俗的、艺术的和技术的历史认知及研究需求。对于老城区的居民来讲,人们通过重塑历史状态获得了文化教育，激发了人民的自豪感和民族优越感，它将对人类记忆的产生有着极为重要的影响。

（2）经济价值。历史老城区的经济价值主要由生产和旅游两部分组成。对历史遗产的推崇促进了文化产业的兴起，历史遗产面对所有人只是传播者，面对消费者已成为一种消费的文化产品。

（3）艺术价值。随着时间的演替，老城区必然会受到一些外力侵蚀而破损，因此很难保持初建时完整的艺术形式。而老城区作为历史的遗存、作为承载历史的一件艺术品，将促进我们艺术敏感性的延伸，即对美的历史状态的感知，将被转化为现代人意识感受的一部分，进而对某个历史时期的历史文化背景产生美的认知。

1.2　保护传承的内涵与实践

1.2.1　保护传承的基础与起源

1.2.1.1　保护传承的基础

A　保护传承的内涵

（1）保护传承的概念。保护指尽力照顾,使自身（或他人或其他事物）的权益不受损害，传承指更替继承。而本书中“保护传承”的概念，是指在对老城区进行整体性保护的基础上，为满足新的功能需求对老城区现有环境的再利用。在不破坏老城区现有历史文化风貌的前提下，适当地介入现代设计思维，保护修缮老建筑、保存街道空间格局、延续历史文脉、增加老城区的功能性和可利用性，再现老城区的使用价值和美学价值，如图 1.26、图 1.27 所示。

图 1.26　徽州古城——延续历史文脉

图 1.27　浙江海宁老城——美学价值

（2）保护传承的实质。老城区必须经过保护和传承才能发挥功能和效益，只有适当的传承才是积极的保护。老城区是城市历史文化的载体，是历史文化名城中历史文化最为集中的地方，反映着城市文化传统的延续和发展，是一种重要的文化资源。与此同时，老城区本身也是城市发展到一定阶段的历史产物，它承载着当时城市的经济、技术及文化信息。作为至今仍发挥功能作用的老城区，它与城市的发展密不可分。城市经济只有发展了才能为老城区保护提供雄厚的物质支持，相反，老城区只有得到了切实有效的保护，才能进一步促进城市的可持续发展。

B　保护传承的关系

人们在对于老城区保护传承的认识上，常常把它看做一件矛盾的事情，认为保护是固步自封，老城区会停滞不前，直接否定保护的作用。但传承又不能片面，不考虑方式的合理性，盲目开发，忽视其带来的负面影响。本书对老城区的保护与传承的关系进行了系统的归纳，如图 1.28 所示。

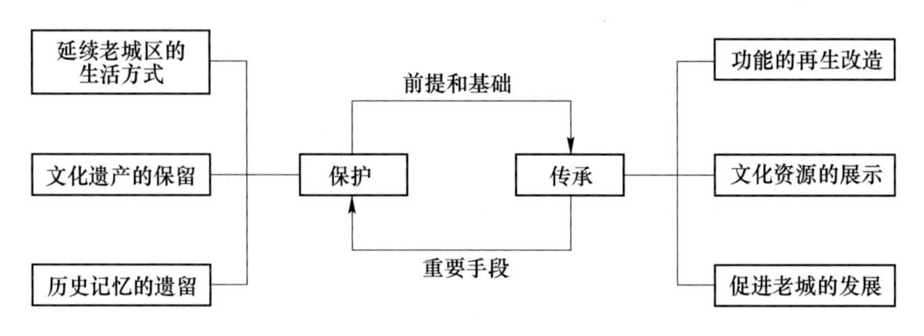

图 1.28　保护与传承的关系

（1）保护是传承的基础和前提。老城区由于具有历史文化、科学、艺术等价值，对人类社会和城市的发展都具有重要的意义。其记载了城市不同时期发展的历史，传承了城市的文脉，保留了文化遗产，同时还延续着城市生活方式。若这些基本的价值特色没能得到很好的保护，也就谈不上老城区的传承。历史不会重演，岁月的痕迹一旦抹去就不复存在。历史文化资源的不可再生性，决定了保护是传承的前提和基础。

（2）传承是保护的重要手段。传承（更新继承）是帮助人们了解遗产价值和文化意义的活动。对已经失去原有使用功能但尚可恢复的遗产，传承是对其功能的恢复；对仍然具有原有功能的，传承就是延续其功能并使之更好的发挥；对已经失去原有使用功能且无法恢复的，传承需要赋予其新功能。对老城区的合理传承，是采取恰当的方式，使其历史文化资源得以很好的展示，并成为为世人所体验的一种方式，从而获得很好的社会、经济价值，反过来也能促进老城区的发展，为老城区的保护提供经济基础。有了经济基础，更利于老城区保护工作的开展，从而形成良性循环。老城区的保护与传承是相互依存，相互促进的，又呈现出辩证统一的关系。保护的目的不单是保护的本身，也是为了更好地传承。

1.2.1.2　保护传承的起源

随着社会的不断进步，在不同的时期，对老建筑的认识也不同，其思想认识程度也不尽相同。然而随着时间的推进，对老城区历史文化建筑保护传承的热潮也随之而起，如图 1.29 所示。

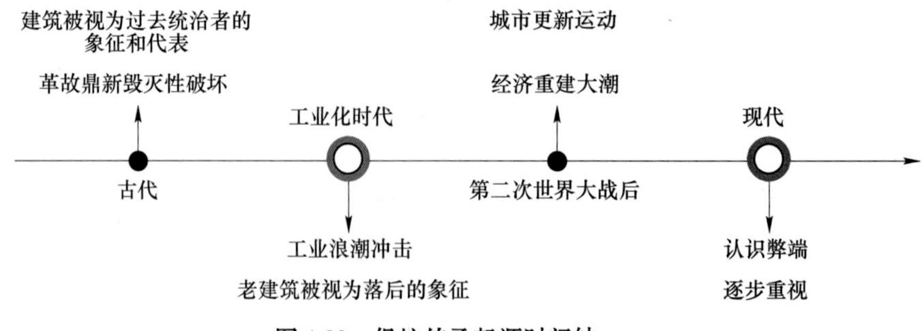

图 1.29　保护传承起源时间轴

人类早已认识到历史文化遗物的价值并对其收藏。在以前，人们常把历史建筑物以及建筑群作为一种过去统治的象征和代表，加以破坏和摧毁，例如在中国古代和欧洲罗马帝国都经历过以“革故鼎新”的名义对前朝建设的建筑和城市实施毁灭性破坏。

由于工业浪潮冲击的影响，老建筑一度被看做是物质文明落后的象征，看做陈腐文化最后的陵墓。大规模商业开发的利益驱动充当了这种改变了的观念的推土机。建筑物更新速度和城市面貌更新的速度明显加快，更新的方式日益剧烈，出现了高频率、快速度、大规模拆旧建新的建筑更新现象，如图 1.30 所示。

第二次世界大战后，在物质经济重建的大潮中，人们对现代主义先驱们所规划设计的摩天大楼和高速公路的新世界蓝图充满了憧憬，各国兴起了轰轰烈烈的城市更新运动，如图 1.31 所示。

图 1.30　大规模拆旧

图 1.31　摩天大楼与高速公路

20 世纪 60 年代以后，从西方国家开始，人们逐渐发现了大拆大建式城市更新的弊端。然而，城市的更新和社会的发展是不可逆转的。20 世纪 70~80 年代，以英国和美国为代表的西方国家，开始将建筑保护、城市建设与社会发展紧密结合起来，大批没落的建筑遗产得到了再生利用，同时那些老城区也得到了保护传承，并恢复了积极的社会活动，有力地促进了老城区历史遗产保护、城市建设与社会的发展。

1.2.2　保护传承的政策与发展

1.2.2.1　保护传承的政策

我国针对历史老城区保护传承的政策理论研究及实践虽起步较晚，但随着发展逐步完善，已形成了一条清晰的发展脉络，如表 1.2 所示。

表 1.2　历史老城区相关保护传承政策分析

时间	政策文件	主要内容 / 作用
1982 年	《中华人民共和国文物保护法》	完善法律法规，标志以文保为中心的历史文化遗产保护制度初步形成

续表 1.2

时间	政策文件	主要内容 / 作用
1982 年	《关于保护我国历史文化名城的请示的通知》	“历史文化名城”概念正式提出，公布首批 24 个我国历史文化名城名单
1983 年	《关于强化历史文化名城规划的通知》	强调保护结合城市整体规划
1986 年	国务院公布第二批国家级历史文化名城名单	含 37 个城市，扩大受保护城市的范围
1993 年	召开首次全国历史文化名城保护工作会以及第六次名称研讨会	提出建立我国历史文化遗产保护体系（历史文化名城—历史文化保护区—各级文物单位）的设想
1994 年	《历史文化名城保护规划编制要求》	进一步明确保护内容及保护深度
1995 年	国家设立历史文化名城保护专项资金	专项资金用于历史文化名城的保护规划、维修和整治
1996 年	召开历史街区保护（国际）研讨会	指出历史街区保护的重要性
1997 年	国务院发布《关于加强和完善文物工作的通知》	强调在城市开发建设中针对历史文化街区的保护，加强政府监管力度
1997 年	《黄山市屯溪老街历史文化保护区保护管理暂行办法》	以实例明确了历史文化保护区的特征、保护原则及保护方法
1999 年	《北京宪章》	吴良镛教授提出广义建筑学与人居环境学，“有机更新”和“小规模渐进式改造”得到世界建筑界的认可
2005 年	《历史文化名城保护规划规范》	强调保护复兴工作的科学性、合理性及有效性
2008 年	《历史文化名城名镇名村保护条例》	强调保护工作的灵活性，因地制宜
2012 年	《历史文化名城名村保护规划编制要求（试行）》	强调保护对象的多样性，提高了规划的科学性

1.2.2.2 保护传承的发展

A 国内外保护传承发展历程

a 国外保护传承发展历程

对于老城区历史遗产的保护，西方国家同样也经历了由破坏到保护更新的漫长过程。世纪产业革命后相当长的一段时期里，高速发展的生产力使人们无暇顾及老城区古建筑及历史环境的保护。当大量古建筑及其环境被工业化的浪潮摧毁时，它们在城市生活中不可替代的价值与作用才逐渐得到了人们的认识，历史地段的保护与更新传承从那时起取得了很大的进步，推动了老城区历史遗产保护传承的发展，如表 1.3 所示。

b 国内保护传承发展历程

由于具体国情不同，西方国家对于老城区历史文化遗产的保护传承起源较早，积累了比较丰富的理论和实践经验，因此，国外许多保护传承的经验教训、措施值得我们在老城区的保护传承中研究学习并加以借鉴。我国历史文化遗产保护体系的建立经历了形成、发展与完善三个历史阶段，如表 1.4 所示。

表 1.3 国外历史文化遗产的保护传承发展历程

文献	年代	社会背景	内 容	意 义
雅典宪章	1933 年 8 月	大批古建筑及其环境在工业化浪潮中遭到毁灭。崛起的现代主义建筑思潮对历史建筑采取的排斥态度加剧了对文物建筑的破坏	第一次提出“有历史价值的建筑和地区”的保护问题，指出了保护历史遗存的重要意义。但并没有确定具体的保护原则和保护措施	它是第一个国际公认的城市规划纲领性文件。但对古建筑周边历史环境并没有足够的认识
威尼斯宪章	1964 年 6 月	20 世纪 50~60 年代，西方国家大批拆毁老建筑、强制清理贫民区导致城市面貌单调乏味；城市原有肌理和结构的破坏也产生大量社会问题。城市历史保护主义思潮逐渐被社会公众接受	拓宽了保护的基本概念、原则和范围，指出历史地段“包括能够从中找出一种独特的文明、一种有意义的发展或一个历史事件见证的城市或乡村环境”，强调古迹的保护“包含着对一定规模的环境的保护”	是保护文物建筑的第一个国际宪章。第一次提出了历史地段的概念。但历史地段仅指文物建筑所在地及其周围环境
内罗毕建议	1976 年 11 月	—	肯定了历史老城区在社会、历史、实用方面的普遍价值。从立法、行政、技术、经济和社会等角度提出相应了的保护措施。强调把老城区的保护修复工作与街区振兴活动结合起来	历史文化遗产保护的内容由文物建筑向历史地段、街区不断拓展，保护与城市规划开始走向结合
马丘比丘宪章	1977 年 12 月	—	指出“不仅要保存和维护好城市的历史遗迹和古迹，而且还要继承一般的文化传统”	保护范围进一步扩大到了地方传统文化的保护
华盛顿宪章	1987 年 10 月	—	明确了历史地段及更大范围的历史城镇、城区、自然与人环境的保护意义、原则和方法等。强调保护工作必须是社会发展政策和各项计划的组成部分，要有居民的积极参与	继《威尼斯宪章》之后历史上的第二个国际性法规文件。标志着城市保护已和城市规划紧密结合

表 1.4 国内保护传承发展历程

阶段	时间	内容	标志	保护对象	措 施	局限性
形成阶段	新中国成立前至 20 世纪 60 年代	以文物保护为中心内容的单一体系	1950 年政务院颁布的一系列法规法令	具有历史价值的文物、建筑	颁布相关法令、法规，设置中央和地方管理研究机构	保护对象仅限于文物或文物建筑，
发展阶段	20 世纪 80 年代初至 90 年代初	以文物保护和历史文化名城保护为重要内容的双层次保护体系	1982 年 2 月国务院转批《关于保护我国历史文化名城的请示的通知》	保存文物特别丰富，具有重大历史价值和革命意义的城市	公布了北京、苏州、平遥等 99 座历史文化名城，并制定相应保护措施与方法	未明确提出把相关地区作为“历史街区”加以保护
完善阶段	20 世纪 90 年代初至今	历史文化保护区的多层次体系	1996 年 6 月安徽省黄山市屯溪召开的历史街区保护（国际）研讨会	较完整地体现某一历史时期传统风貌和民族地方特色的街区、建筑群、小镇、村落	尚处于探讨阶段	—

B 保护传承发展中的问题及对策

a 保护传承发展中的问题

（1）方法上的简单化。老城区的保护更新与新区建设的最大区别在于老城区要面对较多的城市建设现状和复杂的社会经济矛盾。为了尽快回收资金，开发商必然要将各种复杂矛盾简单化。这种“一刀切”式的“简单化”，时常会带来树砍光、房拆光、人搬光的“三光”现象，如图 1.32 所示。

老城区往往具有复杂的社会和经济结构，简单化的“一刀切”不仅会破坏这种结构的复杂性，而且会造成土地和房价的上涨且大部分原居民无法回归，因此很难再形成以往那种自发经济繁殖的功能，再也不可能创造出一个富有活力的城市区域。

（2）规划设计上缺乏灵活性。由于更新改造项目成本高，即使项目完成后存在各种问题，也很难在短时间内进行二次改造。此外，由于更新改造后的老城区通常在同一时期以同一设计风格建造，必然缺乏历史底蕴和文化内涵，在空间上也往往单调乏味，如图 1.33 所示。

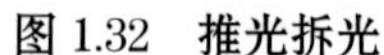

图 1.32 推光拆光

图 1.33 建造设计风格单一

（3）缺乏公众参与意识。由于老城区更新改造涉及许多居民和单位的切身利益，对城市的社会经济也产生很大的影响，因此，公众参与是非常有意义的。然而许多的利益相关者有许多难以协调的利益，有时会导致公众参与项目实施的推迟或停滞。即使在社会民主相对健全的城市，公众参与大规模的房地产开发也是非常有限的。而在社会民主不完善的国家，开发商往往“财大气粗”，居民完全处于不平等的地位，公众参与更是无从谈起。由于不能妥善处理改造中出现的社会经济矛盾，因此实际上就增加了改造的难度和成本。

b 相关对策建议

（1）利用相关老街区住宅的层高优势，如果老住宅建筑层高较高，则以加建夹层的方式来增加住宅的使用面积，另外将老街区周边质量差的现代建筑拆除并根据老街区建筑风格和肌理进行仿建以扩大成片街区的范围，这样便于原住居民能够在社区内进行住户调整，同时增加每户的占地面积，并尽量减少外迁的居民数量。

（2）对于城市老街区的整体保护更新来说，零星几栋老房子的保护和更新是起不到较大作用的，必须以社区为基本单位进行成片的规划、整治。从环境和基础设施开始，落实到每一栋建筑，维护的要维护、保护的要保护、能利用的就不能随意拆除，一定要讲究环境和建筑的品质。

（3）老城区活力的复兴不仅取决于硬件的更新和改进,更取决于“经营城市”的理念,对老城区繁荣的区域进行合理的运营和维护，营造宜人的城市文化环境。以社区为单位,从维护社区的环境卫生到社区文化活动的开展，邻里的任何方面都能找到相应的部门来处理。一切从居民的利益出发,让每个人都有安全感和归属感,这样才能使老城区环境宜人、气氛和谐，持续充满活力和吸引力。

1.2.3 保护传承的程序与内容

1.2.3.1 保护传承的程序

老城区保护传承的程序繁琐，先要对其进行主体的确认，然后根据相关的政策依据作为指导，对老城区的建筑本体及整体空间环境和历史文脉进行保护传承，从而推动相关部门对本体实施确切的保护，如图 1.34 所示。

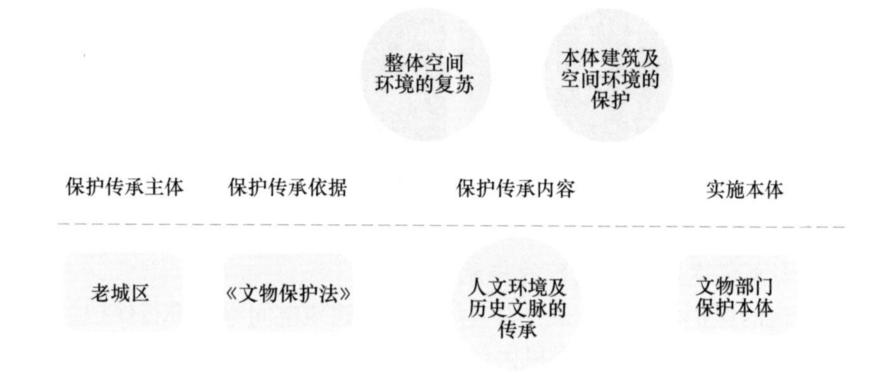

图 1.34 保护传承的程序

1.2.3.2 保护传承的内容

当面对历史老城区这种珍贵的文化遗产片区时，不能只保护其中某个建筑单体，应以单体带动整体，以局部环境扩展到整体环境；不仅要关注历史留给我们的建筑物和空间实物，还要探索其中包含的传统文化，将其传承下来并发扬光大；不能单一方式修复建筑空间，要根据其空间特征进行功能定位和转换，赋予其新的价值并使其从根本上复兴。

A 老城区本体建筑及空间环境的保护

城区内部的历史文化建筑以及建筑群所组成的空间格局是组成历史老城区最重要的部分，包括建筑单体的外立面、内部空间和装饰、庭院和建筑群所包围的街道空间环境。我们应该对其特征风貌进行整体性的保护，如图 1.35、图 1.36 所示。

老城区内部的建筑格局是历经数载流传下来的历史文化积淀，记录了区域背景发展的变化。每一个细节都反映了老城区所在城市的肌理和文化特征，街区的整体环境特征，也代表了当地的传统风貌特色。因此，应该将老城区的建筑及环境作为一个整体来保护，使这些具有时代意义的建筑化石能更好地流传后世，如图 1.37、图 1.38 所示。

图 1.35 云南丽江古城

图 1.36 山西平遥古城

图 1.37 江苏苏州山塘历史建筑

图 1.38 山西太原历史建筑

B 老城区人文环境及历史文脉的传承

对历史老城区的保护传承，不单要对其城区内的建筑空间本身进行保护，还应该重点关注历史文化城区中所蕴含的传统民风民俗文化以及非物质文化遗产。我们对老城区进行整体性保护，从根本上来说，是要传承城市历史文脉，让居民和游客在城区中能够感受到浓浓的城市历史风貌，能够感受到鲜活的地域特色以及传统的民俗文化。如今对它进行保护和发掘,是为了能让宝贵的传统文化代代相传。就像上海田子坊所代表的上海弄堂文化，如图 1.39、图 1.40 所示；成都锦里中的蜀锦工艺展示，如图 1.41 所示；杭州桥西直街中国伞文化博物馆对于中国伞的传统工艺展示，如图 1.42 所示，这些有着地域性传统文化代表的历史文化遗产都应得到保护传承及发扬。因此保护老城区不仅仅是对老城区本身建筑空间的修复，也是对其历史文化元素的保护，使城市历史文脉得以传承下去。

C 老城区整体空间环境的功能复兴

在其形成的历史时期，历史老城区必须与周边的环境乃至整个城市环境相融合，换句话说，在城市的发展中，老城区只是城市空间中不可分割的一部分。随着历史的发展与时代的变迁，现代城市中的老城区似乎与整个城市的整体环境不相适应。因此，在面对老城区保护问题的同时，也要考虑现代社会中老城区的生存和发展。这就要求我们细致地划分老城区整体空间，通过合理的规划、改造，赋予其不同的新功能，使其可以融入现代社会的生活中，而不仅仅是将其简单地修复之后空置起来，成为一个没有生命活力的老古董。老城区只有被赋予这些新功能、新生命，才能适应现代社会的可持续发展，才能真正回归其形成时期的历史意义，得到真正意义上的复兴，如图 1.43 所示。

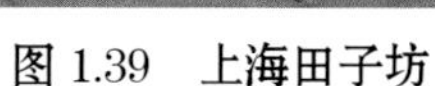

图 1.39 上海田子坊

图 1.40 上海田子坊——弄堂文化

图 1.41 成都锦里

图 1.42 杭州桥西街中国伞博物馆

(a)

(b)

图 1.43 四川成都宽窄巷子

（a）窄巷子实景；（b）宽巷子实景

1.2.4 保护传承的目的与价值

1.2.4.1 保护传承的目的

当今社会的发展，人类更加重视和倡导文化的多样性与独特性。如何对老城区进行重新定位、延续其原有的特色，同时使其达到促进老城区保护传承的目的已成为急需解决的问题。本书将从以下几个方面来阐述其目的，如图 1.44 所示。

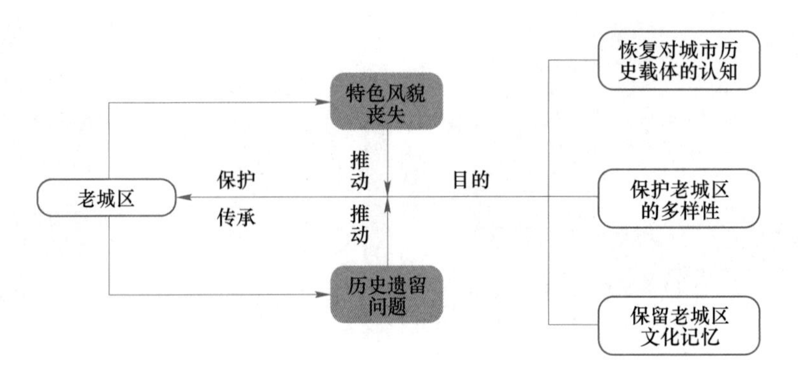

图 1.44 保护传承的目的

（1）恢复对城市历史载体的认知。一般来说，城市的历史文化集中承载于历史老城区和文物古迹点，而这些历史文化载体又都通常存在于城市的老城区中，其中大量的文化底蕴和内涵有待发掘。老城区的建筑风格、街巷格局、装饰纹样和色彩等也都承载了大量历史信息；老城区内居民的风水意识、民俗礼节、传统生活方式的留存程度也明显高于新建城区居民，民间手工艺、曲艺娱乐活动等历史文化遗产也集中呈现于此。因此，保护老城区，对延续其场所精神，加强人们对于当地历史文化的认知有着积极意义。

（2）保护老城区的多样性。我国现处于经济高速发展时期，城市化的进程逐年加快，因此对于历史地段、历史街区的保护很容易被片面地理解成城市建设和发展的障碍，但是通过科学合理的规划和实施，保护与发展这对看似无法调和的矛盾亦能和谐地共存共荣。老旧社区的多样性体现在建筑风格、体量、街巷格局、居民生活习俗、行为方式、文化知识层次等诸多方面，保护社区多样性也是维持老城区生命力的重要手段之一，有助于延续其文化积淀，优化其社会网络以及为其注入新的发展动力。

（3）保留老城区的文化记忆。许多老城区与居民的生活息息相关，作为城市生活或工作场所，记录着居民日常生活的变迁，是居民形成社会认同感和归属感的基础，是一个城市值得珍藏的文化记忆，如图 1.45、图 1.46 所示。

图 1.45 湖北武汉老街

图 1.46 山东青州老街

对于许多城市来说，这些生活场景的保留与传承，是形成城市历史记忆的一个有效途径，有利于城市特质的保存。许多城市的老街区并不是由于新奇、华丽吸引人，而是由于空间所附属的历史和文化特征而成为大多数市民愿意保留与传承的场所。

1.2.4.2 保护传承的价值

A 历史价值

城市发展是一个不会完结的过程，老城区中的历史性区域诠释着一定时期内城市历史的发展。人们可以从历史遗留下来的街道、广场、生活方式等多方面去了解过去，了解历史老城区的个性，如图 1.47、图 1.48 所示。

图 1.47 江苏南京老门东

图 1.48 江苏常州青果巷街道

B 艺术价值

在老城区里，蕴含着大量高度艺术化的建（构）筑物和场所，如图 1.49、图 1.50 所示，它们不仅具有很高的审美价值，而且还反映了特定历史时期的文化和艺术手法，体现了艺术发展的历史轨迹。

图 1.49 安徽许国石坊

图 1.50 湖南岳阳楼

整体环境展示了一定时期城市的历史特征，构成了一定的文化氛围，这是城市环境中孤立的文物建筑难以做到的。因此，老城区整体环境的艺术本质是留给后代最有价值的东西之一。

C　社会价值

老城区的社会价值是人们在这个长期居住地建立的紧密的社会联系。这种无形的社会联系网是人们生活的驱动力和依靠，特别是对老年人而言。进入20世纪50年代和60年代以后，现有的老城区出于经济和政治等方面的原因，导致社区居住密度过高，居住条件和生活质量极其不好，如图1.51、图1.52所示，个性空间大部分或完全丧失，空间序列被打乱，交往频繁地发生在原本是个性表现的空间里，恶劣的环境影响了邻里的和谐，生活方式变得无序。居民对现有的生活条件不满意，普遍希望改善居住环境、生活方式。

图1.51　居住密度过高（鸟瞰图）

图1.52　空间格局混乱一角

D　使用价值

在文物保护单位或文物保护区，建筑的使用价值不再是最重要的因素。但历史老城区与此不同，由于牵涉的范围广且大部分建筑仍在使用期，因此完全保护的方式不适用。另一方面，由于城市是一个不断运动的活的有机体，如图1.53、图1.54所示，生活在老城区的人们也希望有更优质的生活环境。因此，历史老城区的更新和保护必须保持和促进其在经济上和社会生活中的活力。

图1.53　老城区建筑——骑楼

图1.54　城市更新

E　旅游价值

历史老城区往往是一座城市历史发展的见证。由于历史老城区集中了城市发展不同阶段的各种建（构）筑物和历史遗存，对于了解人类文明的发展和城市的发展历程有着直接的见证作用；其次，由于不同城市的历史发展不尽相同，从而形成了多样化的城市风貌和建筑形式；再次，历史老城区是城市生活最有地方特色的场所，也是地方风俗习惯发生的“容器”，因而历史老城区对于城市的旅游业来讲是宝贵的旅游资源，如图 1.55、图 1.56 所示。

图 1.55　陕西西安鼓楼

图 1.56　河南洛阳鼓楼

1.3　规划设计的内涵与实践

1.3.1　规划设计的理念与发展

1.3.1.1　规划设计的理念

规划设计是指项目更具体的规划或总体设计，全面考虑政治、经济、历史、文化、民俗、地理、气候、交通等各种因素，优化设计方案，提出规划期望、愿景及发展方式、发展方向和控制指标。老城区规划设计是以老城区复兴为目标，为使其经济、社会活动得以安全、舒适、高效开展，而采用独特的理论，从平面上、立体上调整以满足其各种空间要求，对老城区结构、形态、系统进行规划设计，旨在合理、有效地创造出良好的生活与生活环境，如图 1.57、图 1.58 所示。

图 1.57　新疆乌鲁木齐老城区规划设计

图 1.58　四川眉山岷东新区规划设计

1.3.1.2 规划设计的发展

A 规划设计的发展历程

城市规划是由社会经济的发展、城市的出现和人类居住环境的复杂化而产生的。特别是在社会变迁时期，城市规划理论和实践经常在旧城市结构不能适应新的社会生活要求时飞跃出现。其发展进程，如图 1.59 所示。

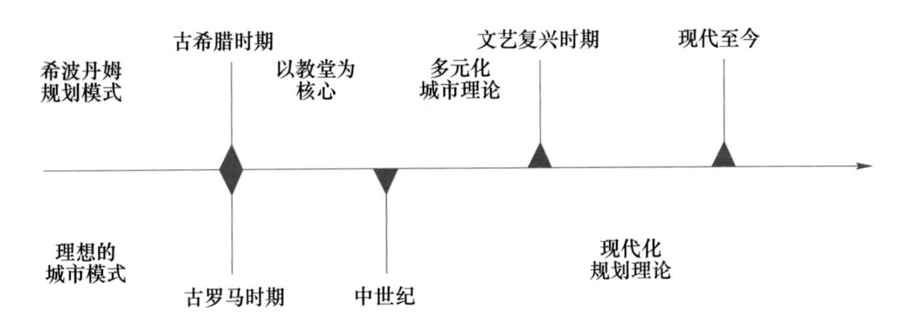

图 1.59 城市规划设计发展进程

在西方，希波丹姆规划模式在古希腊城邦时期就已经出现了。古罗马建筑师维特鲁威的《建筑十书》解释了城市选址、环境卫生、坊际建设、公共建筑布局的基本原则，并提出了当时的“理想”城市模式。在中世纪，社会发展缓慢，城市主要集中在教堂周围。在文艺复兴时期，建筑师阿尔伯蒂、帕拉第奥、斯卡摩锡等还提出了反映商业繁荣和城市生活多样化的城市理论和城市模式。

除罗马等少数城市外，产业革命前的欧洲城市一般规模都比较小。由于大部分城市都是自然形成的，因此，城市功能和基础设施都比较简单，卫生条件也差。城市规划侧重于防御功能和政治需要并且高度封闭。城市规划的内容主要限于道路网和建筑群的布局，因此是建筑学的一个组成部分。工业革命导致全球城市化，大型工业的建立和农村人口聚集到城市，以促进城市规模的扩张。随着城市盲目的发展，贫民窟和混乱的社会秩序导致城市居住环境恶化，居民生活严重受到影响。

现代城市规划理论始于人们从社会改革角度解决城市问题的探索。19 世纪上半叶，继空想社会主义创始人莫尔等人之后，一些空想社会主义者提出了种种设想，将改良住房、改进城市规划作为医治城市社会病症的措施之一，他们的理论和实践对后来的城市规划理论产生了深远影响。

在 19 世纪和 20 世纪之交，霍华德提倡“田园城市”；1915 年，格迪斯提出区域原则，并提倡将城市规划与区域规划相结合。他们的学术思想对城市规划思想的发展具有深远的影响。同时代的恩文所著《城市规划实践——城市和郊区设计艺术概念》一书，总结了城市发展的历史和他本人的规划实践经验，可以视为建筑师对城市规划领域的扩展。

自 20 世纪以来，人类经历了两次世界大战，国际政治、经济和社会结构发生巨大变革，科学技术迅速发展，人文科学逐步进步，价值观念也发生变化，这一切都对城市规划产生了巨大的影响。1933 年的《雅典宪章》，是现代城市规划理论发展历程中的里程碑，其阐述了现代城市面临的问题，提出了应采取的措施和城市规划的任务。

B 规划设计发展中的问题

（1）老城区规划改造模式落后。很多老城区规划改造工作还桎梏在大拆大建、盲目追求高楼大厦的观念中，导致老城区建设产生很多问题，如资源浪费、环境污染等。其次，改造工程盲目追求效率，没有对工程安排进行有序的规划，造成了人力、物力、财力的浪费，进而增加了老城区改造成本。除此之外，没有对老城区文化建设进行有效的保护，很多是采取“一刀切”的态度，忽视了老城区的文化古迹保护工作，对老城区文化造成了极大的破坏。

（2）规划改造过程市场化。老城区规划改造是为了给居民提供更好的生活环境和工作环境，然而老城规划改造的市场化，让老城区改造过程中加入了很多利益冲突，比如说居民拆迁问题涉及拆迁费补偿，这其中很容易发生协商问题，进而引发矛盾纠纷，给社会造成不良影响。

1.3.2 规划设计的程序与内容

1.3.2.1 规划设计的程序

老城区的规划设计从收集编制所需要的相关资料，编制、确定具体的规划设计方案，到规划的实施及实施过程中对规划内容的反馈，是一个完整的流程。从广义上来说，这个过程是一个不断的循环往复的过程。但从对老城区所体现的具体内容和特征来看，其规划设计工作又相对集中在规划设计方案的编制与确定阶段，呈现出较明显的阶段性特征，如图 1.60 所示。

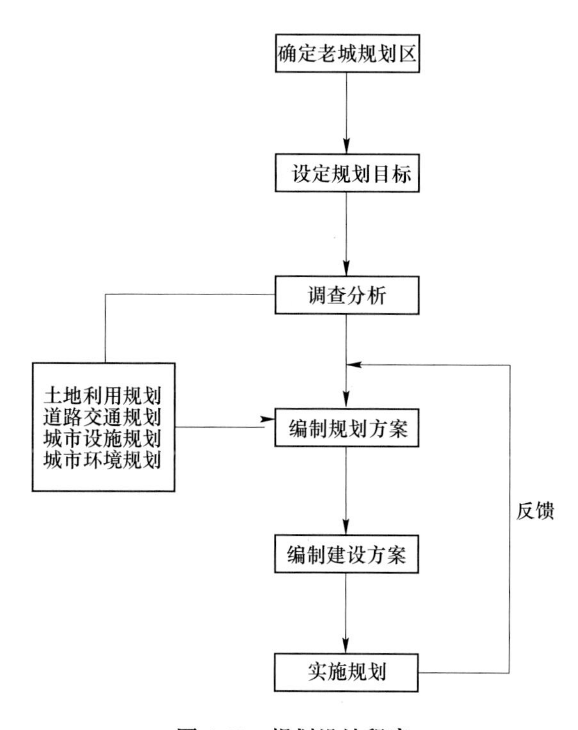

图 1.60 规划设计程序

1.3.2.2 规划设计的内容

城市规划设计是一个牵扯范围比较广的问题，在规划中，考虑因素的多少与最终产生的规划效果程度是成正比的，这就需要在城市规划前全方位地把握城市的发展，了解城市的发展历史和现状。在了解城市的基础上，对其主要内容进行具体分析，如图 1.61 所示。

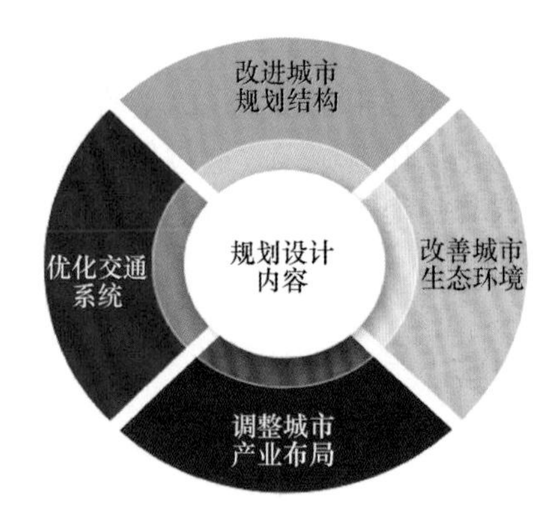

图 1.61 规划设计的内容

（1）改进城市规划结构。优化城市结构，合理划分城市各个功能区，成为城市土地集约化利用和提高城市土地资源利用效率的有效选择。

（2）改善城市生态环境。老城区规划改造对生态环境的提升就是以完善居住条件和居住环境为目标，充分发挥改造地段的经济、社会、环境效益，最终实现改造区生态环境的改善。在老城区规划改造过程中，老城区的各种物质和非物质的元素发生不同程度的变化和位移。如武汉东湖绿道的规划设计，如图 1.62、图 1.63 所示，使周边的生态环境得到了极大的改善，使周围居民生活质量得到了保证，从而带动了周围经济的快速发展，旅游业等的大力开发。

图 1.62 湖北武汉东湖绿道规划效果图

图 1.63 湖北武汉东湖绿道实景图

（3）调整城市产业布局。老城区规划改造能够促进城市产业重组及升级，提高城市的竞争力；改善居民居住环境，并组织大规模的公共服务设施建设，把旧街坊改造成完整的居住区。

（4）优化交通系统。随着城市人口的大规模迁入，原有的城市交通系统已经不能满足当前城市发展的需要，出现交通拥堵等问题。越来越多的城市在建设中也逐渐认识到城市交通系统建设和完善的重要性，城市的交通系统建设是一个动态的系统，在城市社会经济发展的每个阶段都会面临不同的交通问题，这也是现代城市建设规划的重点内容。结合当前城市交通状况，合理设计交通路线，减轻城市交通压力，如图 1.64、图 1.65 所示。

图 1.64　交通规划效果图

图 1.65　高速公路规划设计效果图

1.3.3　规划设计的原则与目标

1.3.3.1　规划设计的原则

由于老城区的环境复杂多变，保护和规划改造形式千差万别，为了更好地实现老城区的再生利用，在规划改造中，应该遵循科学合理的规划原则，并将其纳入理性化、规范化的轨道上，以改变以往的盲目性和随意性，如图 1.66 所示。

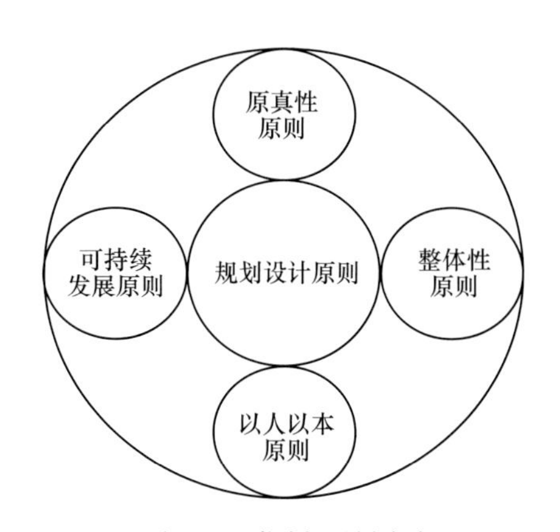

图 1.66　规划设计原则

（1）原真性原则。老城区保护与规划改造过程中，应保存原有的历史信息，完善保存历史遗留下来的文化古迹。针对老城区现存的历史古迹要好好保护，被损坏的文化古迹要按照其原始性进行补救，尽量还历史古迹以原貌，让城市历史文化能够完整地流传下去。老城区的历史文化古迹承载了城市的文化内涵，因此，在老城区保护与改造过程中要坚持原真性原则，保持文化古迹的原真性。

（2）整体性原则。老城区保护与规划改造工作应遵循整体性原则。就是说在老城区保护过程中要保持老城区的整体风貌，在完善保存历史文化遗迹的同时，对其周围环境也要进行保留。因此，老城区的保护工作是在保护文物的基础上，对老城区整体环境进行着重保护，让这些历史遗迹能够更好地留存在特定的历史环境中，发挥其真正的社会价值。

（3）以人为本原则。要想老城区与现代城市共存，就要让老城区与现代城市一起发展。老城区的保护不同于历史遗迹保护，更注重以人为本，需调动当地居民保护意识。在这一点上首先就要满足居民的物质文化需求，推动老城区的基础设施、文化观念等向现代化发展，进而促进老城区发展。

（4）可持续性发展原则。老城区保护与规划改造不能只注重经济效益，还需要保持生态环境的合理性，保持建筑格局的整体性。尤其老城区承载着浓厚的历史文化，它的保护和规划改造不是简单的让其免受损坏，而要重点保存富有历史价值的文化古迹，让其展现它的历史文化价值，让城市充满文化氛围，让人们通过历史遗迹可以认识历史，感受历史。

1.3.3.2 规划设计的目标

对老城区进行规划改造，是在对老城区的保护传承的基础上，对其功能结构进行合理的优化，目的是为了改善其目前现状，达到规划设计所追求的目标，如图 1.67 所示。

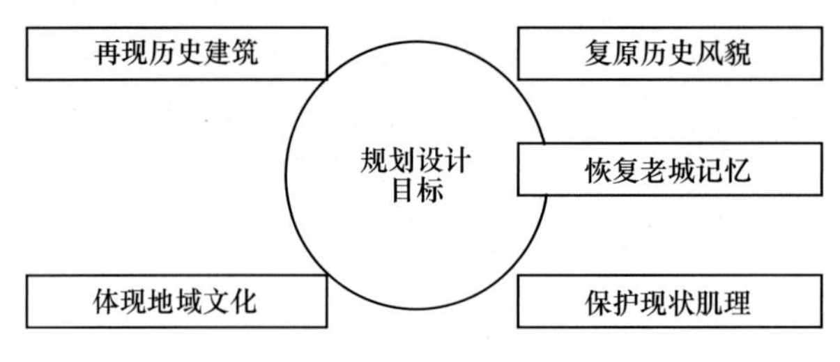

图 1.67 规划设计目标

（1）复原历史风貌。随着城市化浪潮的侵蚀，一些特色的历史建筑随着老城区的拆迁而消失，城市历史风貌丧失严重。老城区的历史建筑是时代变迁和历史文明的见证，历史风貌的丧失，将会使城市黯然失色。因此，对老城区的规划设计中，要以复原历史风貌为目标，对老城区的肌理进行分析，打造重要节点，从老城区肌理及开放空间系统上还原历史风貌。

（2）恢复老城记忆。老城区作为城市发展的承载容器，装载着无数的记忆。许多老城区作为居民生活栖息的场地，记录着居民的日常生活，是居民情感的归属地，是一个城市值得珍藏的记忆。因此，还原老城区的功能格局，恢复老城记忆，再创老城街区巷里的风采，是老城区规划设计目标中不可或缺的一个环节，也是居民对其生活记忆的一个追溯。

（3）保护现状肌理。老城区的保护传承，意在保留原有自由的居住肌理，传承地块原有建筑布局形态。对现状肌理的保护也是对其规划设计目标的一个体现，应该在老城区现有的建筑肌理上，运用合理的规划设计手段，树立建筑空间，优化建筑肌理，融入商业街巷概念，形成、打造适合的布局体系。

（4）再现历史建筑。历史建筑往往是一个城市灵魂的体现，把再现历史建筑作为老城区规划设计的一个目标也是合理的。规划能对历史建筑进行合理的梳理和分析，在优化规划区内建筑空间的基础上，通过复建和迁建等方式，在城区内再现历史遗迹，弘扬历史记忆，保留老城区的历史特色。

（5）体现地域文化。不同的老城区身处不同的地域，其代表的文化也是各有差异，在对老城区进行规划改造时，应当能体现出地域文化特色。故在对老城区的规划中，借鉴传统历史建筑的特点以及形式多样的建筑构件，形成特色建筑和围合空间，对区域进行动静分离，体现地域建筑文化。

1.3.4　规划设计的成果与价值

1.3.4.1　规划设计的成果

随着城市化浪潮的冲击和使用方式的不断更新，大量的老城区因为年代久远、生产工艺落后等相关因素的影响，已丧失某些功能导致发展缓慢。通过对老城区进行规划设计，优化产业结构，重构老城模式，重塑老城特色风貌。通过功能置换，将老城区进行改造，可以为老城区的发展开辟新的途径，延续老城区的特色，为老城区经济的可持续发展带来巨大的效益。

对老城进行规划改造设计，是重构老城风貌和实现其再生利用的关键步骤。而规划设计是对老城区进行系统的设计分析，考虑多方面因素，并对其优化处理，最终以规划文本、规划图纸、附件三个模块作为其工作过程的成果。

（1）规划文本：表达规划的意图、目标和对规划的有关内容提出的规定性要求，文字表达应当规范、准确、肯定、含义清楚。

（2）规划图纸：用图像表达现状和规划设计内容，规划图纸应绘制在近期测绘的现状地形图上，规划图上应显示出现状和地形。图纸上应标注图名、比例尺、图例、绘制时间、规划设计单位名称和技术负责人签字。规划图纸所表达的内容与要求应与规划文本一致。

（3）附件：包括规划设计说明书和基础资料汇编，规划说明书的内容应包括现状分析、规划意图论证和规划文本解释等。

其中规划设计图纸应有相关项目负责人签字，并经规划设计技术负责人审核签字，加盖规划设计报告专用章；规划单位应具有相应的设计资质，现场规划设计人员应持证上岗，出具的规划设计图纸应具备法律效力。

1.3.4.2　规划设计的价值

老城区由于受到各种因素的制约，导致其在产业结构上得不到优化，在功能特征上得不到发展。所以对老城区进行合理的规划设计，优化其产业结构，重构空间功能特征，对老城区发展意义重大。

A　生态价值

对老城区进行规划设计，是作为对其改造再生利用的一个推动过程，具有良好的环保生态价值。一方面，老城区的保护传承规划设计保留了旧建筑本身所蕴含的能源；另一方面，拆除旧建筑也要消耗大量的能源，如拆除建筑的人力资源、运输和处理建筑垃圾的能源等。对老建筑进行合理的改造规划，实现其再生利用通常比新建建筑节省 1/4~1/3 费用。20 世纪 80 年代后，根据英国和美国的统计分析，再利用的建筑成本与建造同样规模、标准的建筑相比可节省 20%~50%。

B　文化价值

吴良镛先生曾谈道：“文化是历史的沉淀，存留于建筑间，融汇在生活里。”老城区建筑是城市工业发展、空间结构演变、工业建筑发展和城市重要风貌景观的历史见证。老城区的规划设计实现其再生利用，不仅保持了物质环境的历史延续性，而且保留了当地特定的生活方式。

老城区建筑实现再生利用有利于保存城市实体环境的历史延续性，如图 1.68、图 1.69 所示。老城区建筑是 20 世纪城市发展的重要组成部分，在空间尺度、建筑风格、材料色彩、构造技术等方面，记录了工业社会和后工业社会历史的发展演变以及社会的文化价值取向，综合反映了工业时代的政治、经济、文化和科学技术等情况，是“城市博物馆”关于工业化时代的“实物展品”，也是后代人认识历史的重要线索。

图 1.68 延续城市肌理

图 1.69 延续老城历史

C 艺术价值

历史老城区是经过长年累月的积累而形成的，遗留了大量极具价值的文物遗迹，具有极高的艺术价值。老城区的保护传承规划设计，避免了老城区因拆除造成文物遗迹的损失，同时还能保留其内涵的艺术价值，并能传承其延伸出的特定文化发展水平、艺术工艺手法等。

对于普通的历史老城区来说，可能不存在名胜古迹，没有文物出土等。但是，现有的民俗风情、街巷空间肌理等都能体现出某一时代的风貌特点，形成独特的艺术体系，这对于整个历史老城区来说，都是极富有艺术价值的，如图 1.70 所示。

(a)

(b)

图 1.70 上海新天地

(a) 新天地规划改造（一）；(b) 新天地规划改造（二）

2 老城区保护传承规划设计理论分析

对于一座城市来说，历史延续的意义远远大于一时的经济利益，保护老城区的完整性和真实性，传承优秀文化，是新型城镇化建设的重要内容，也是当前迫切需要重视的问题。快速城镇化给城市发展带来新的发展契机，但同时也使老城区的传统文化受到冲击，失去了许多永远无法复得的东西——历史文脉、传统风貌特色、文化底蕴等。因此，对老城区的保护传承与规划设计刻不容缓。

2.1 保护传承规划设计理论基础

2.1.1 城市更新理论

2.1.1.1 城市更新理论的内涵

1958 年，城市更新研讨会在荷兰召开，会上第一次对城市更新的理论概念进行了阐述，将城市更新定义为"生活在都市的人，对于自己所住的建筑物，周围的环境或通勤、通学、购物、游乐及其他的生活，有各种不同的希望与不满，对于自己所住的房屋的修理改造，街道、公园、绿地，不良住宅区的清除等环境的改善，有要求及早施行，尤其对于土地利用的形态或地域地区的完善，大规模都市计划事业的实施，以便形成舒适的生活，美丽的市容等，都有很大的希望，包括有关这些都市改善，就是都市更新"。

1992 年，伦敦规划顾问委员会的利歇菲尔德在《为了 90 年代的城市复兴》中将"城市复兴"一词定义为：用全面及融合的观点与行动为导向来解决城市问题，以寻求对一个地区得到在经济、物质环境、社会及自然环境条件上的持续改善。

根据《英国大百科全书》的界定，所谓城市更新，是一个综合计划，是对各种复杂城市问题予以全面的重新调整。

《现代地理科学词典》提出，"城市在其发展过程中，经常不断地进行着改造，呈现新的面貌"。一般情况下，城市更新所追求的是对中心城区予以振兴、对社会活力予以增强、对城市环境予以优化，吸引社会中上层居民的返回，借助地价的增值实现税收的增加，改善社会环境。

《中国大百科全书》提出：由于社会环境、经济发展、科技进步等诸多因素的推动，旧城区需要改建和优化。

根据《现代城市更新》的论述，针对城市更新进行政策制定时，需要具体问题具体分析。具体问题指的是本国的具体国情、本地区的具体条件，基于此针对城市更新所确立的计划才更符合实际，推行起来才更为高效。

综上所述，所谓城市更新就是对各种物质更新方法的综合应用，例如保护、修复、重建以及与社会和经济的各个方面有关的其他非物质更新手段。推进城市土地规划的再开发利用，优化城市环境，改善城市功能，增强城市活力。

2.1.1.2 国外城市更新规划体系

英国是西方城市更新政策演变的典型代表，有着长达三四十年较为系统的城市更新经验，大致可以分为三个阶段：第一阶段是在20世纪60年代中期到70年代，以政府主导、物质更新为主，强调社会福利的城市更新；第二阶段是在20世纪80年代，以市场主导、以房地产开发为主，强调政府、开发企业间的合作；第三个阶段是在20世纪90年代，以政府、开发企业和社区为代表的个人三方伙伴关系为基础的综合城市更新。期间陆续出台了《地方政府补贴（社区需要法）》《内城地区法》和《私人投资计划》和《城市挑战计划》等政策法规。

自1949年起，美国联邦政府颁布了一系列政策，希望通过拆除重建实现社区改善、经济复兴和消除隔离，如表2.1所示。

表2.1 美国城市更新政策的演变（1949~1977）

时间及名称	目　标	主要内容	规划问题与相关策略
1949年住宅法案	优质居住空间	联邦贷款或补助更新事业，提出再发展计划，立法确定政府权限	过分追求经济利益，无法消除贫民窟和缓解衰败
1954年住宅法案	城市发展	允许将10%的联邦补助款用于住宅以外的计划，增加整治维护的方式	忽视多元目标和弱势群体
1964年社区行动计划	结合外援和社区自助缓解衰败	设置资金独立的社区行动代理处，要求社区成员最大程度参与	经常产生与政府对立的情况，资金使用缺乏监督规范，无法解决就业和隔离问题，公众参与仅为象征性
1966年模范城市法案	清除贫民窟、振兴衰退地区	整合政府部门及利益团体，建立法案落实公众参与的实质内容	资金过少，无法解决就业和隔离问题，社区自治发展有限
1974年住宅与社区发展法案	以发展社区为主	以社区发展补助取代传统再开发补助	逐步强调为弱势群体服务，明确公众参与，权力下放到地方政府
1974年社区发展整体辅助基金	改善中低收入社区居住环境及增加就业	资助项目涵盖社区发展各个方面	重视住宅整建维护，保护历史建筑及老城区，建立实质的公众参与
1977年城市发展行动基金	促进地方经济发展及公私部门合作	补助衰退社区，给开发商相关开发建设补贴或融资补助	解决失业问题，促进城市政府企业化运作，开拓多种融资方式

1951年，日本政府开始制定相关政策，如表2.2所示，最初拆除和重建房屋，以缓

解战后生活空间不足的问题。后来，它变成了商业发展，导致高地价，引发城市蔓延，旧城开始衰落。1990年，政府意识到，只有在区域层面，才能真正协调公民权利，以实现城市土地准备，从而鼓励社区组织计划，鼓励原住居民参与街道建设活动。2001年，提出了城市更新政策，详细说明了民间机构参与城市再生事业的权力，城市更新规划权力下放，社会力量积极参与地区自治，社区功能得到发挥，使得自主造街活动达到新的高度。

表2.2 日本城市更新政策的演变（1955~2004）

时间及名称	目 标	主要内容	规划问题与相关策略
1955年成立“住宅公团”	兴建住宅	作为政府全额出资的特殊法人负责住宅开发及更新活动	由于缺乏财政补贴，住宅存在价格高、距离远、面积小等问题
1968年新城市计划法	控制城市无序蔓延	解决中心区住宅问题，规划权力下放，增加公众参与制度	象征性的公众参与
1975年更新基金制度	促进老城区保护与社区营造	提供融资与补助贷款协助	旧城更新与相关法规制度不完善
1983年促进城市开发方案	以民间为主体，政府为协助者	中央政府专款补助，并允许地方发行公债，贷款和税费优惠	多元化的融资制度，促进公私合作
2001年城市再生整备计划	推动全国层面城市更新	通过公共设施整合以及与公众合作制订指导市町村更新的相关计划	积极参与地区更新，活用社会力量
2002年修订特定非营利活动促进法	鼓励非营利组织附着	非营利组织法人认证程序简化，税赋优惠	明确造街活动是非营利组织的种类之一，使民间力量积极参与更新事业
2002年造街活动支付金制度	提升地区居民生活品质、促进地区经济和社会复兴	以财政手段对各地制定的造街活动提供物质和非物质的综合资助	地方具有较大自主性及裁量权，办理手续简单，目标与指标明确，进行事后评价并作为参考案例
2004年独立行政法人城市再生机构	从硬、软两方面综合协调，协助市町村拟定及实施更新规划	由提供标准设计转变为提供质量更高、类型更丰富的产品	在决策中通过协调教育促使各方达成共识；在执行中通过协调调整规划

2.1.1.3 国内城市更新规划体系

通过对国内城市更新的各项研究进行梳理和分析，在内容上可划分为：更新中的机制、社区发展、更新的规划管理以及规划设计方法等，如表2.3所示。

表 2.3 国内城市更新规划体系研究

角度	内　容	代　表
更新机制	更新主体与制度	郭湘闵《走向多元平衡——制度视角下我国旧城更新传统规划机制的变革》
	城市更新中的土地开发与产权问题	何红雨《走向新平衡：北京旧城居住区的改造更新》
	旧城改造的制度与变迁过程	邵磊《北京旧城保护与改造的制度结构与变迁》
	旧城保护的政府干预实质效果	井忠杰《北京旧城保护中政府干预的实效性研究》
社区发展	城市更新中的居住问题	张杰《城市改造与保护理论实践》
		张京祥《城市改造与保护理论与实践》
		谭英《从居民角度出发对北京旧城居住区改造方式的研究》
		焦怡雪《社区发展：北京旧城历史文化保护区保护与改善的可行途径》
		洪亮平《走向社区发展的旧城更新规划——美日旧城更新政策及其对中国的启示》
规划管理	城市更新的政策与制度变革问题	王蔚然《旧城改造项目管理模式研究》
		曾九利《成都旧城改造实施规划探索》
		杨健强《旧城更新改造的理论思考与现实选择》
规划设计	城市更新的规划与设计的方法论	潘如玉《重庆旧城改造区土地覆被与景观格局变化——以北碚区为例》
		胡惠琴《基于生活支援体系的既有住区适老化改造研究》
		洪再生《文化创意产业区在旧城空间发展策略研究》
		杨俊宴《旧城更新规划导则编制技术：基于土地集约利用的视角》

根据近几年城市更新规划体系实践来看可知，主要集中在广州、深圳、上海、北京等沿海地区，相继建立了城市更新的具体办法以及较为完善的城市更新体系，如图 2.1 所示。

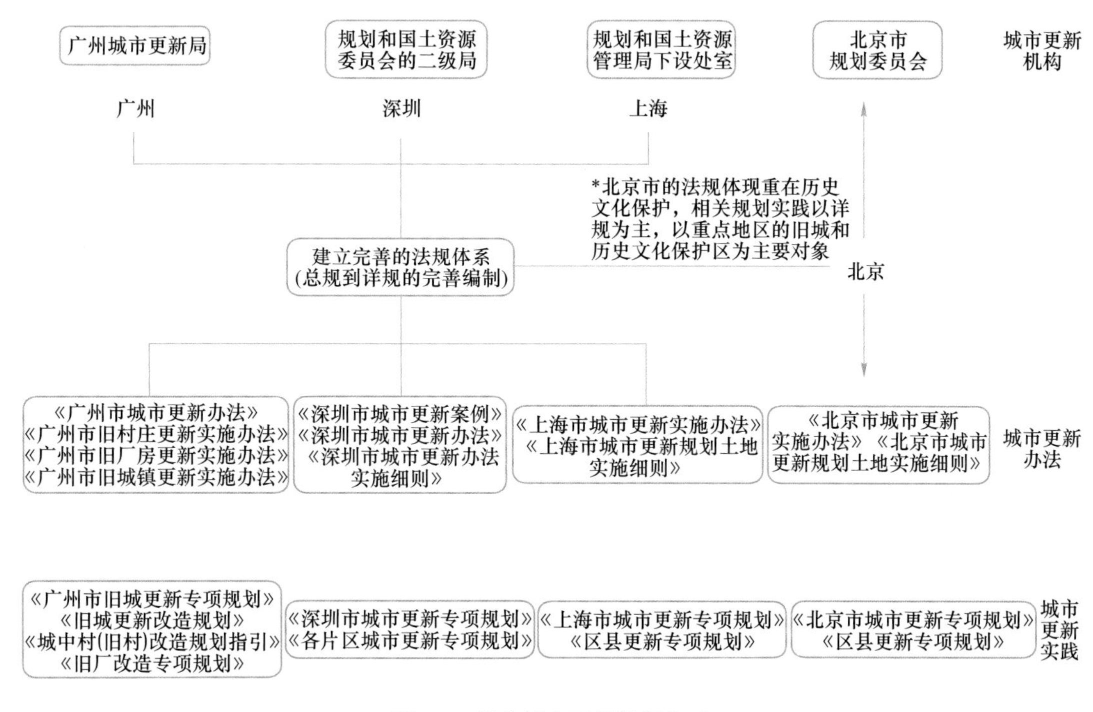

图 2.1 部分城市更新规划体系

2.1.2 城市复兴理论

2.1.2.1 城市复兴理论的内涵

在 20 世纪 70 年代后期，英国首次提出了“城市复兴”。它是西方国家在充分城市化后，从可持续发展的角度提出的概念，重点在于调整、整合。伦敦规划顾问委员会的利歇菲尔德（D. Lich Field）在《为了 90 年代的城市复兴》（Urban Regeneration for 1990s）一文中，将“城市复兴”定义为：“用全面及融会的观点、行动为导向来解决城市问题，以寻求在经济、物质环境、社会及自然环境条件上的持续改善。”

罗杰斯在研究报告《走向城市复兴》序言中说道：“要实现城市的复兴不仅仅是数量和比例，而是要创造一个人们期望的高质量和持久生命力的城市。”

所谓城市复兴，就是对那些传统产业已经衰落，并且其社会、经济、环境和社区邻里也因此受到破坏和损失的城市，通过一系列的手段使其在物质空间、社会、经济、环境和文化等方面得到全面改善，再生其经济活力，恢复其社会功能，改善其生态环境与环境质量，并解决相应社会问题。城市更新是一个长期的过程，其意义不仅在于实现城市的物质环境建设和经济的持续增长。它还应该形成城市文化的认同感和地方的归属感，展现城市的生命力。

2.1.2.2 国外城市复兴发展历程

第二次世界大战后，城市的大规模建设和经济全球化的日益明朗，西方国家普遍面临产业升级的需求。随着城市物质空间环境逐渐下降的矛盾，这一时期有更多的城市更新实践。城市的历史，文化和社会因素逐渐受到关注，如表 2.4 所示。

表 2.4　西方城市复兴的演变过程

<table>
<tr><th></th><th>城市重建
Reconstruction</th><th>城市活化
Revitalization</th><th>城市更新
Renewal</th><th>城市再开发
Redevelopment</th><th colspan="2">城市复兴
Regeneration</th></tr>
<tr><td>时间</td><td>1940~1960</td><td>1960</td><td>1970</td><td>1980</td><td>1990</td><td>21 世纪至今</td></tr>
<tr><td>战略导向</td><td>对旧区的重新建设；以总体规划为基础；郊区的发展</td><td>延续 50 年代发展政策；开始进行旧区复兴的尝试</td><td>关注旧区局部地段的改造；进行城市边缘地区的开发</td><td>以大型项目带动的城市开发</td><td>强调政策和实践的综合；关注不同策略方面的整合</td><td rowspan="7">《走向城市复兴》研究报告正式提出城市复兴的概念。当前环境所提出的城市复兴，发展了城市再生的概念，更加注重文化在社区层面的发展、政府与私人开发的广泛合作，是基于多方利益考量的、综合的、可持续发展的城市更新</td></tr>
<tr><td>主要参与角色</td><td>国家和地方政府；私人开发商和承包商</td><td>公共部门和私有部门共同作用</td><td>私有部门逐渐承担越来越重要的作用；地方政府的作用逐渐增强</td><td>强调私有部门的主导作用；强调公私伙伴关系</td><td>公私伙伴关系是主导</td></tr>
<tr><td>空间层面</td><td>地方层面和场所层面</td><td>开始关注区域层面</td><td>早期关注区域层面；后期更多关注地方层面</td><td>80 年代早期关注场所；后期关注地方层面</td><td>重新引入更大区域层面的思考</td></tr>
<tr><td>经济方面</td><td>公共部门投资为主导；私有部门适度参与</td><td>私有部门作用开始增强</td><td>公共部门投资弱化；私有开始主导</td><td>私有部门主导；公共部门提供部门基金</td><td>公共部门、私有部门和志愿部门较好的投资合作</td></tr>
<tr><td>社会方面</td><td>改善住房；提高生活水平</td><td>社会和福利的提升</td><td>以社区为基础地位的行动</td><td>社区的自我发展，国家给予支持</td><td>高度强调社区的作用</td></tr>
<tr><td>物质方面</td><td>旧城的改造和边缘地区的开发</td><td>延续前一阶段；同时开始对既有旧城的修复</td><td>大规模的对旧城的更新</td><td>强调旗舰型的大型项目</td><td>城市改造的步伐趋缓；强调对物质遗产的保护</td></tr>
<tr><td>环境方面</td><td>强调景观和绿地建设</td><td>有选择的提升</td><td>环境的提升</td><td>更广泛的对环境问题的关注</td><td>强调内涵更为全面的环境可持续发展</td></tr>
</table>

2.1.2.3　国内城市复兴发展历程

随着城市更新的范围不断扩大，地方政府与开发商之间的合作日益密切。通过拍卖使用城市建设用地的权利为改造项目获取资金，增加地方财政收入。这种由政府领导并追求经济利益的更新和转型，掩盖了政府的行政职责。虽然取得了很大的经济效益，但大多数人都忽视了人民作为更新和建设主体的利益问题，使得城市更新以经济利益为目标，忽视居民对生活环境和生活质量的需求。中国的城市更新和发展经历了三个阶段，如图 2.2 所示。

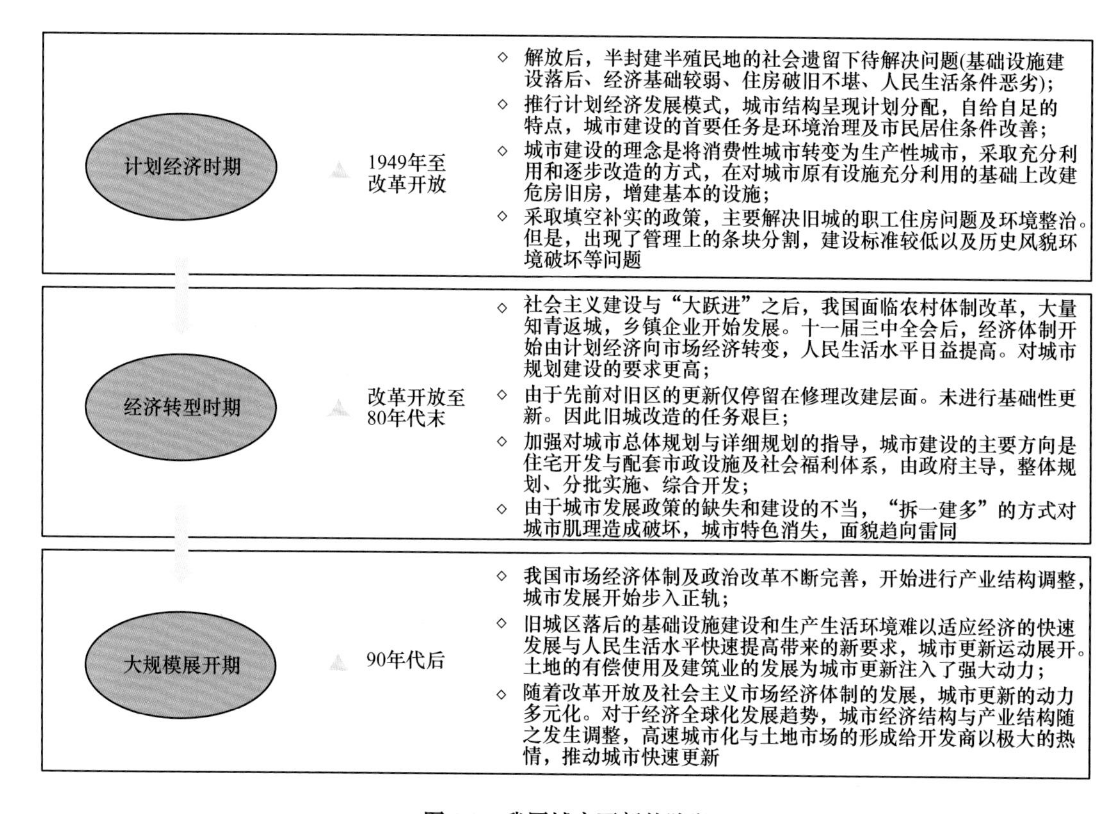

图 2.2　我国城市更新的阶段

2.1.3　新城市主义理论

1993 年 J. 康斯特勒出版了《无地的地理学》，严厉地指出第二次世界大战以来美国松散而不受节制的城市发展模式，造成城市沿着高速公路无序向外蔓延的恶果，并由此引发了巨大的环境和社会问题。因此，他主张改变现状的负面发展模式，必须从过去的城市规划战略中寻求积极合理的因素。新城市主义理论明确了区域发展战略，区域作为一个有机整体，有明确的目标和内容，以及明确的边界，并且拥有完善的系统，它以一种和谐的方式发展。新城市主义的目的是解决城市中心衰落以及蔓延的问题，通过重塑和复兴由于边际发展而逐渐衰落的传统旧中心区，使之重新成为居民的集中，邻里关系密切的活力城区，恢复传统和舒适的城市生活。

新城市主义的核心是改造旧城中心的重要区域以满足现代需求，从而可以满足当代人需求的新功能。然而，重点是保持传统风格，特别是旧城的规模和质地，如英国港区地区历史城区的更新改造。20 世纪 90 年代以后，“紧凑城市”（Compact City）被西方国家认为是一种可持续的城市增长形态。从侧重于小尺度的城镇内部街坊角度，Andres Duany 和 Elizabeth Zyberk 夫妇提出了“传统邻里发展模式”（Traditional Neighborhood Development, TND）；从侧重于整个大城市区域层面的角度，Peter Calthorpe 则提出了“公交主导发展模式”（Transit Oriented Development，TOD）。TND 与 TOD 是新城市主义规划理念最基本的特点，紧凑、适宜步行的老城区结构，多元化功能，可持续发展以及环境保护。

新都市主义者的最终目标是扭转和消除郊区化无序扩散的不利后果，并重建宜人的城市生活环境。为此，学者们提出了三个核心规划和设计思路:（1）强调区域规划，强调从区域总体高度处理和解决问题;（2）以人为本，强调城市生活环境的宜人形态和对人的积极影响;（3）尊重历史和自然，强调以自然，历史环境和传统和谐为重点的规划和设计。如今新城市主义在城市与区域规划的各个领域中都已形成了广泛的影响。

2.1.4 城市双修理念

2.1.4.1 城市双修的含义

“城市双修”作为一种新理念，目前并没有准确的定义。中国城市规划学会副理事长兼秘书长石楠认为:“城市双修就是通过城市修补、生态修复，实现城市发展模式和治理方式的转型”，其核心是应对转型期城市发展的规划策略和方法，重点是保护生态系统和改善城市品质，如图 2.3 所示。

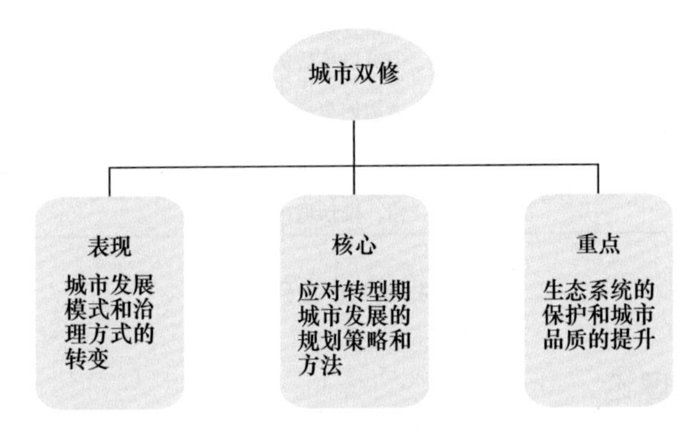

图 2.3 城市双修概念图

“城市双修”的提出体现了城市发展模式和治理方式的转变，其包括生态修复和城市修补。其中，生态恢复是指利用“再生态”的概念来修复城市受损的自然环境，提高生态环境的质量。在城市生态模式下，重视生态与城市的共生关系，保护与发展的协调关系，人与自然的和谐关系；城市修复是指“更新和织补”的概念，通过有机更新，改善城市功能和公共设施，修复城市空间环境和景观，塑造城市特色，增强城市活力。因此，“城市双修”可以从两个层面进行解读：首先，对于城市生态区，应采用底线思维进行施工，以避免城市建设对环境造成的破坏，引导城市的合理开发；其次，对于城市建设区域，我们应该注重提高质量和效率，并注重改善生活环境。

“城市双修”的概念可以进一步理解为是对城市从宏观到微观多层次、多方面的更新和修补，在内容上仍然以生态修复和城市修补为核心。在生态修复方面，既对山体、水体和绿化进行宏观修复，也对城市破碎的生态网络进行修复与更新，如图 2.4 所示；在城市修补方面，不仅局限于城市空间形象的修补，还应该包括对城市多方面、多层次、多网络的修补，如交通网络的织补、功能网络的拼贴、设施网络的完善和文化网络的延展等。因此，“城市双修”理念是要将城市看做一个由不同网络叠加而成的整体，通过更新织补的理念从局部到整体、由“点”到“面”地对其症结进行梳理，并提出修补与处理的策略。

(a)　(b)　(c)

图 2.4　城市生态组图

(a) 城市生态（一）；(b) 城市生态（二）；(c) 城市生态（三）

2.1.4.2　城市双修的方法

城市双修主要包括城市修复和生态修复，具体如图 2.5 所示。城市双修的主要对象是老城区，关注的重点在于城市更新（包括城市形象以及生态的提升和更新）。但城市双修概念提出的背景和目标不仅仅局限于城市更新，其目的是推进城市集约化发展，实现城市发展模式和治理方式的转型，在规划手段上由增量规划向存量规划转变。因此，城市双修的方法和理念应该进行适当的拓展，从关注小范围的、以老城区为主的城市空间环境品质提升，延展为较大范围内、区域性的城市更新和生态修补。

2.1.4.3　城市双修的原则

每座城市转型发展的涵义，都会因自然禀赋、社会基础、发展阶段、问题特征、机遇条件的不同而各异，但从整体而论，城市转型发展涉及六个大的维度，即自然、经济、社会、文化、空间、设施，如图 2.6 所示。

因此，城市双修实践的总体原则可以围绕这六个维度展开，分别是：重整自然生境、重振经济活力、重理社会善治，重铸文化认同、重塑空间场所、重建优质设施。我们将其概况总结为“六重原则”，如表 2.5 所示。

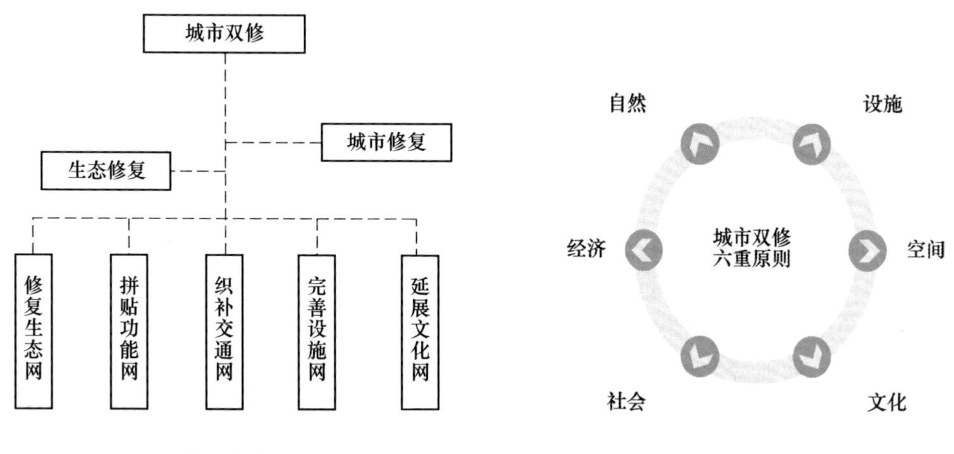

图 2.5　城市双修的内容结构图

图 2.6　城市双修“六重原则”

表 2.5 城市双修的“六重原则”

原 则	内 容
重整自然生境	城市空间的扩张和对经济增长的过度追求，往往以严重破坏自然环境为代价。生态修复旨在重建城市与自然之间的平衡，使人与自然重新达成和谐的关系
重振经济活力	城市发展转型意味着要寻求经济成长的根本动力，即制度变革、结构优化和要素升级。“城市修补、生态修复”虽着力于建成环境的改善，但意在推动城市治理变革、空间结构转型和城市创新发展
重理社会善治	完善城市治理是重要的社会过程。在推进新型城镇化过程中，不断提高市民素质，改善群众的生活质量，不分城乡，不分地域，不分群体，为每一个成员创造平等参与、平等发展的机会
重铸文化认同	打造自己的城市精神，对外树立形象，对内凝聚人心，是城市双修希望带来的文化成果。在全球化和现代化的背景条件下，重新铸就城市的文化认同、增强文化自信自尊是无法回避的历史使命
重塑空间场所	公共空间场所对城市的重要性已成共识，但系统性不够、过度追求形式、尺度超大、只关注大空间而忽略小空间等是需要解决的问题。重塑公共空间场所，就是要让公共空间重新与城市居民生活紧密结合起来，改善城市的宜居性
重建优质设施	完善的城市功能意味着优质的公共服务设施和基础设施。通过城市双修提高城市发展的质量，根本在于以宜居为目标，规划和建设高品质的公共服务系统和基础设施系统，为城市长久持续发展奠定牢固基础

2.1.5 城市文化基础

2.1.5.1 城市文化的含义

对于城市来说，国内外学者从经济、社会、地理、历史、生态、政治和军事等不同角度给出了不少于 30 个定义。综合来看，有以下几个方面的认识：首先，城市是某一地区的政治、经济和文化中心。其次，城市是人类进行贸易和文化交流的催生物，是人口密集的政治和军事上的集成物，是市民集居生活、进行活动、表达理念、传承文明的共同空间；最后，城市不仅是自然的堆积，也是人类文明的高级体现。每一个城市在其形成和发展中，根据自身的地理环境，交通条件和繁荣，产生自己的文化特征，如图 2.7 所示。

从理论的角度来看，城市文化是城市的价值概念，是城市公民在长期生活过程中创造的文化模式，是一种独特的精神文化，包含了大众文化、历史文化遗产、建筑文化、群众文化等。从实践的角度来看，城市文化是一个在城市诞生之日的长期历史过程的基础上不断积累和融合外国文化的对象。

从广义上来说，我们可以将城市文化划分为：物质文化、制度文化和精神文化。物质文化包含城市的建筑、道路、通信设施、住宅、水源、各色商品、绿化环境等；制度文化包括城市法规、政策、家庭制度、经济制度、政治制度等；精神文化则指知识、信仰、艺术、道德、法律、习俗以及人所习得的一切能力和习惯。从狭义上来说，城市文化主要是指城市精神文化。城市的主体是人，文化是人的文化，城市文化集中反映着人民对于城市发展的理想追求和聪明才智，以及在社会实践中的不断总结、反思和创造，展示着城市发展的思维逻辑、思想成果和思想光辉。

（a）　　　　（b）

图 2.7　城市文化风貌

（a）城市文化（一）；（b）城市文化（二）

2.1.5.2　国外城市文化的发展

城市的发展不仅是物质环境建设的长期过程，也是文化积累的长期过程。城市中各种文化要素通过物质形态和非物质形态的载体代代延续下去，形成“城市文化”。美国著名城市学者刘易斯·芒福德提出的“城市是文化的容器”的观点非常生动地表达了城市与文化的关系。重塑城市的传统文化特色不是怀旧和复古，而是融古纳新。一方面，要保护和挖掘城市现有的历史资料和文化遗产。另一方面也要创造适应现代社会的城市文化生活的新城市空间，创建新时代的城市特色。从某种意义上说，历史与现代创新的结合是塑造城市特色的关键。

1903 年，德国社会学家西美尔（George Simmel）发表了《都市与精神生活》一文:“都市高密度的刺激和高频率互动，造成了都市人特有的心理体验结构和精神态度。都市人精于计算，彼此交往用脑而非用心，态度漠然，与往昔村社亲密的人际关系形成鲜明对比。”

1915~1940 年，罗伯特·E·帕克领导的芝加哥社会学派提出了对城市文化的重视，作为学派的代表人物帕克在《城市：对于开展城市环境中人类行为研究的几点意见》中指出，城市并不是许多个人的集合体，也不是各种社会设施的聚合体或各类民政机构的简单汇集。

1961 年，法国地理学家戈特曼（Jean Gottmann）出版了《城市带：美国城市化的东北部海岸》一书。至此，城市文化已经成为一个全球公认的城市发展内在特质，其含义与城市的关系如表 2.6 所示。

表 2.6 西方国家城市发展与文化政策中“文化”定义变迁

时 期	文化与城市发展关系	对文化的定义
为艺术而进行的艺术	文化艺术品体现出教育价值和艺术价值；关注位于城市中心的传统的、专业化的、组织化的文化设施和文化机构等，用以提高艺术水平；通过公共津贴和文化的民主化来提高对文化活动的参与度和文化设施的使用率	相对于物质生产和经济活动而言的领域
地方分权及民主化	文化政策的“左倾”化，强调对下层民众的关注；文化政策的民主化，强调对当地文化基础设施的建设；文化政策的目的在于鼓励民众对文化活动的参与；从公众参与的历史环境保护到女权主义、草根运动等城市社会运动对文化政策产生了重大的影响	对文化的定义仍然倾向于传统的艺术形式，例如音乐、戏曲等
为工作而进行的艺术	城市面临经济衰退，政策开始右倾，大型文化项目和文化旅游发展受到更多的关注；通过改善环境而进行的城市营造注重文化和艺术对城市经济发展的贡献和由此而产生的工作岗位	文化定义仍然相当传统，如可视艺术、音乐、出版等，商业性文化开始纳入
文化政策和城市再生	始于美国，文化政策开始被视为城市再生的机制之一——城市文化地区的建立；一些文化组织，特别是在美国，开始从文化的商业化发展中受益	文化开始拓展到建筑设计、工业设计、平面艺术等领域
文化产业途径	关注点仍然集中在文化的经济效益，不过从单纯对工作岗位创造数量的关注开始转向更加灵活的发展	进一步包括了当代流行文化
文化途径	在文化规划中，对文化发展各领域的涵盖达到最多；文化规划是城市和社区发展中对文化资源战略性以及整体性的运用	文化被定义为整体生活方式

2.1.5.3 国内城市文化的发展

1990 年，王伟光等出版了《现代城市文化的建设与管理》一书，从中国社会主义初级阶段的城市文化建设与管理现实出发，在理论与实践相结合的基础上，阐释和论证现代都市文化的基本规律和主要特征；探讨了现代城市文化管理的理论、方法、手段、组织和发展趋势，具有较强的理论和实践价值。

2002 年，陈立旭在《都市文化与都市精神中外城市文化比较》一书中主要论述了受全球化影响的中国城市的文化及其结构，选择了市民心理、大众文化、文化产业、历史文化遗产、建筑文化进行比较。

2007 年，杨苗青等主编的《文化都市——大城市以文化论输赢》一书从社会哲学、经济哲学和美学三个角度对我国城市文化建设进行了初步探讨。

2011 年，黄瓴著的《城市空间文化结构研究——以西南地域城市为例》，从分析城市空间的多维度（多学科）本质入手，揭示了城市空间的文化学本质及其既是文化载体又是文化本体的文化二重性；继而从分析城市空间结构及其多维度性，引导出城市空间文化结构的基本概念；总结了五条城市空间的文化价值思想，包括城市空间文化发展阶梯观、城市空间文化积淀观、城市空间文化生态观、城市空间文化兼容观和城市空间文化价值观。

提出了城市空间文化规划的概念与规划操作体系。

我国在探索历史和现代相结合的道路上也有了许多成功的例子。例如，由石库门建筑与现代建筑组成的时尚休闲步行街——上海新天地，它原来是上海的石库门建筑旧区，在旧区改造过程中，这里没有被大拆大建，而是走了一条中西融合、新旧结合的改造道路，如图 2.8 所示。

（a）　（b）

（c）　（d）

图 2.8　城市文化组图

（a）上海新天地（一）；（b）上海新天地（二）；（c）上海石库门（一）；（d）上海石库门（二）

2.2　保护传承规划设计理论支撑

2.2.1　保护传承规划宪章

2.2.1.1　《马丘比丘宪章》

1977 年，一些国家的建筑师、规划师、学者和教授在秘鲁首都利马聚会，签署了具有宣言性质的《马丘比丘宪章》。该宪章摒弃了功能理性主义的思想基石，宣扬社会文化论的基本思想，强调物质空间只是影响城市生活的一项变量，而且这一变量不能起决定性的作用，真正起作用的应该是人群的文化、社会交往模式和政治构架。与《雅典宪章》认识城市的基本出发点不同，《马丘比丘宪章》强调：“一切有价值的说明社会和民族特性的文化必须保护起来。保护、恢复和重新使用现有历史遗址和古建筑必须同城市建设过程结合起来，以保证这些文物具有经济意义，并继续具有生命力。”其核心实质是让历史充满活力，让未来和传统融合。

《马丘比丘宪章》对公众参与也给予了前所未有的高度关注，指出“城市规划必须建立在各专业设计人士、城市居民以及公众和政府领导人之间的系统的不断的互相协作配合的基础上”。《马丘比丘宪章》还指出规划的实施应能适应城市这个有机体的物质和文化的不断变化，每一特定城市和区域应当制定适合自己特点的标准和方针，防止照搬照抄来自不同条件和不同文化的解决方案。在建筑设计思想方面指出，现代建筑的主要任务是为了创造适宜的生活空间，应强调的是内容而不是形式，不是着眼于孤立的建筑，而是追求建成环境的连续性，即建筑、城市、园林绿化的统一。

《马丘比丘宪章》强调城市的个性和特性取决于城市的体型结构和社会特征。因此不仅要保存和维护好城市的历史遗址和古迹，而且还要继承一般的文化传统。

《马丘比丘宪章》强烈反对人们对于自然资源的掠夺式开发，要求人们尊重自然资源，以“人—建筑—城市—自然”的思路来构建“生态城市”。

2.2.1.2 《华盛顿宪章》

1987 年 10 月，通过了著名的《华盛顿宪章》，更加强调保护作为城市社会发展政策和计划的一个组成部分，而不仅仅是城市规划的主要目标之一。《华盛顿宪章》为保护历史城镇和城市地区提供了更有针对性的说明，以及实现发展和和谐适应现代生活的步骤。其指出，保护历史城镇和城市地区的目标是保持其形式和功能的完整性。该章程详细阐述了历史城镇和城市地区的交通和住房、日常维护和新建工程，并阐述了专业培训和教育的积极作用以及居民的积极参与。欧洲建筑遗产年提出的《华盛顿宪章》和“综合保护”理念一脉相承。整体保护不仅应通过经济、技术和财政手段从城市规划的角度保护濒危建筑遗产的物质环境。同时，在制定城市发展政策时，要充分考虑住房、交通、新建等问题。

从《雅典宪章》《威尼斯宪章》《马丘比丘宪章》到《华盛顿宪章》，国际文化遗产保护领域已经具有了保护单个历史纪念物和历史环境的科学理念与方法。

2.2.1.3 《北京宪章》和《城市文化北京宣言》

近年来，城市规划、建筑和城市文化、文化遗产领域的两个重要国际会议相继在北京召开。一个是 1999 年 6 月召开的国际建协第 20 届世界建筑师大会；另一个是 2007 年 6 月，由中国建设部、文化部、国家文物局共同举办的“城市文化国际研讨会”。两个会议同样令人难忘。会议召开之后都留下了智慧的结晶、珍贵的遗产——《北京宪章》和《城市文化北京宣言》。宪章和宣言，都集中体现人们思考的庄严形式，从一个侧面记录了城市、建筑与文化遗产保护事业发展的历程。对于《北京宪章》，“如果说《雅典宪章》和《马丘比丘宪章》的签署地分别以希腊文化和印加文化——西方文化与拉美文化的摇篮为背景，那么，《北京宪章》则有着东方文化的底蕴，应突出强调发展中国家的声音”。对于《城市文化北京宣言》，由国家建设、文化和文化遗产部门首次共同推动城市文化问题的深入探讨，意义重大。

《北京宪章》对新的世纪更有所展望，指出在 21 世纪，城市居民的数量将首次超过农民，"城市时代"名副其实。全球化和多元化的矛盾、冲突将愈加尖锐。建筑学又走到了新的十字路口，变化的进程将会更快，也更加难以捉摸。宪章认为，我们所面临的挑战是复杂的社会、政治、经济、文化过程在由地方到全球的各个层次上的反映，其来势凶猛，涉及方方面面。宪章注意到：世界的空间距离在缩短，地区发展的差距却在加大。用历史的眼光看，我们并不拥有自身所居住的世界，仅仅是从子孙处借得，暂为保管罢了。

《城市文化北京宣言》指出，城市规划建设必须特别关注城市文化建设。城市的风格和特色应充分体现城市文化的精神内涵。建设具有独特性的城市，实现城市规划建设的基本要求和目标，实现城市建设形态与城市文化内涵的完美结合。宣言强调，特色赋予城市个性，个性提升城市竞争力。以继承为基础的创新是塑造城市特色的重要途径。要拒绝雷同，彰显个性；也要反对有损于传统、有碍于生活的荒诞媚俗。一个成功的城市应该有深厚的文化底蕴，丰富的文化氛围和美丽的城市形象。

从《雅典宪章》到《威尼斯宪章》到《马丘比丘宪章》再到《北京宪章》，不同风格和内容的宪章共同推动了城市规划的发展。并且对于处理好人与人、人与自然的关系尤为重要。其核心内容如表 2.7 所示。如今，中国正处于快速城市化的阶段。每个关注城市规划和发展的人都需要在比较这些纲领性文件的过程中理解其指导意义。

表 2.7　宪章内容及核心体系、目标

宪　章	主要内容	核心体系	目　标
《雅典宪章》 《威尼斯宪章》 《马丘比丘宪章》 《北京宪章》	"家园城市" 保护文物建筑和历史地段 "生态城市" "和而不同"	人本主义	和而不同 殊途同归

2.2.2　可持续发展理论

2.2.2.1　可持续发展的含义

1992 年，在巴西里约热内卢召开的世界与发展大会通过的《环境与发展宣言》和《全球 21 世纪议程》确立了可持续发展的概念，并将其作为人类社会发展的共同战略。"可持续发展"字面上理解是指促进发展并保证其具有可持续性。持续的意思是"维持下去"或"保持继续提高"。

世界环境和发展委员会于 1987 年发表的《我们共同的未来》的报告把可持续发展定义为："既满足当代人的需求又不危及后代人满足其需求的发展。"根据该报告，可持续发展定义包含两个基本要素或两个基本组成部分："需要"和对需求的"限制"。满足需要，首先是满足贫困人们的基本需要，对需要限制主要是对未来环境需要的能力构成危害的限制，这种能力一旦被突破，必将危及支持地球生命的自然系统。社会和人的发展是可持续发展的核心。

2.2.2.2 可持续发展的城市

联合国人居中心在1996年的全球人类住区报告中，在对一些文献进行概括的基础上，提出了“适用于城市可持续发展的多重目标”，并对《我们共同的未来》中有关可持续发展的定义进行了解释。该报告认为，“满足当代人需求”的内容包括：

经济需要：包括能够获得足够的生活或生产资料；也包括在失业、生病、伤残或其他无法保证生计时的经济安全保障。

社会、文化和健康需要：包括拥有一所健康、安全、承受得起且又可靠的住房；此外，应保护住房、工作场所和生活环境免受环境污染等环境危害；同样重要的是与人们的选择和管理有关的需求，包括他们珍爱的家庭和邻里。

政治需求：包括按照能够保证尊重人权、尊重政治权利和确保环境立法得以实施的更广泛的框架，自由地参与国家和地区的政治活动，并能参与与其住房和社区管理及发展有关的决策。

《全球21世纪议程》把人类住区的发展目标归纳为改善社会人类住区的社会、经济和环境质量，以及所有人的生活和生活质量，并提出了八个方面的内容：

（1）为所有人提供足够的住房；

（2）改善人类住区的管理，其中尤其强调了城市管理，并要求通过种种手段采取有创新的城市规划解决环境和社会问题；

（3）促进可持续土地使用的规划和管理；

（4）促进供水、下水、排水和固体废弃管理等环境基础设施的统一建设，并认为“城市开发的可持续性通常由供水和空气质量并由下水和废物管理等环境基础设施状况等参数界定”；

（5）在人类居住中推广可循环的能源和运输系统；

（6）加强多灾地区的人类居住规划和管理；

（7）促进可持续的建筑工业活动行动依据的形成；

（8）鼓励开发人力资源和增强人类住区开发的能力。

1990年，英国城乡规划协会成立了可持续发展研究小组，于1993年发表了《可持续发展的规划对策》，提出将可持续发展的概念和原则引入城市规划实践的框架，将环境因素管理纳入各个层面的空间发展规划。其提出的环境规划的原则如表2.8所示。

表2.8 环境规划的原则

因　素	内　　容
土地使用和交通	缩短通勤和日常生活的出行距离，提高公共交通在出行方式中的比重，提高日常生活用品和服务的地方自足程度，采取以公共交通为主导的紧凑发展形态
自然资源	提高生物多样化程度，显著增加城乡地区的生物量，维持地表水的存量和地表土的品质，更多使用和生产再生的材料

续表 2.8

因素	内容
能源	显著减少化石燃料的消耗，更多地采取可再生的能源，改进材料的绝缘性能，建筑物的形式和布局应有助于提高能效
污染和废弃物	减少污染排放，采取综合措施改善空气、水体和土壤的品质，减少废弃物的总量，更多采用“闭合循环”的生产过程，提高废弃物的再生与利用程度

要实现城市可持续发展，首先要解决城市面临的问题。技术革命带来了新形式的信息技术和新的信息交流手段；日益严重的生态危机使可持续发展成为发展的必然条件；广泛的社会转型带来了更高的人生期望，更加关注职业和个人生活中的生活方式选择。该报告提出了保护乡村以及改善城市生活向着健康和具有活力的方向发展的几个关键因素，如表 2.9 所示。

表 2.9　改善乡村和城市生活的因素及内容

关键因素	内容
循环使用土地与建筑	新房屋的建造应当尽最大可能地利用已经使用过的土地，而不是侵占绿地和农田。城市建设应当首先使用衰败地区和闲置的土地和建筑，应尽量减少将农业用地转换成城市用地。同时要改变过去在城市边缘和郊区大规模建设低密度居住区的做法，应避免在城市之外建设零售业和校园风格的办公、商务园区
改善城市环境	改善城市环境，鼓励“紧凑城市”的概念，鼓励培育可持续发展和城市质量。已有的城区必须改造得更富吸引力，从而使人们愿意在其中居住、工作和交往。可持续性的实现将通过把城市密度与提供各种商店和服务的各级城市中心联系在一起进行组织，在提供中心服务的范围内要很好地结合公共交通和步行路。较高的密度和紧凑城市形态的适当结合可以减少对汽车的依赖
优化地区管理	城市复兴必须依靠强有力的地方领导和市民广泛参与的民主管理。居民应当在决策中扮演更重要的角色
旧区复兴	地方政府应当被赋予更多的权利和职责以从事长期衰落地区的复兴工作。应该设立公共基金以便通过市场吸引私人投资者
鼓励创新	政策应该更有弹性，过去对规划标准的依赖限制了创新，尤其像坚持公路标准优于城市布局，这既是所谓的“优先是道路，然后是住房”的优先性安排导致了枯燥乏味的城市环境。街道应该看成“场所”，而不是运输走廊
高密度	单一的密度指标并不能成为权衡城市质量的标准，尽管它是一个重要元素。高密度对城市的可持续发展做出贡献
加强城市设计	应该把注意力集中到城市设计方面以适应混合用途、混合使用权的开发，以培育城市的可持续发展。好的城市设计将修复过去的错误并将城市创造为对生活更有吸引力的场所

城市复兴不仅仅被当做一项政治努力，它涉及更复杂的改变，包括政坛人物、地方政

府和普通市民各方面的文化、技术、信仰和价值观等等的转变。教育、争论和信息交换对于城市复兴的实现都是至关重要的。

2.2.3 新时代矛盾需求

中国共产党第十九次全国代表大会报告明确指出："中国特色社会主义进入新时代，我国社会主要矛盾已经转化为人民日益增长的美好生活需要和不平衡不充分的发展之间的矛盾。"这一重大判断不仅指出了新时代经济建设、政治建设、文化建设、社会建设和生态文明建设的新发展方向，也为新时代"两步走"战略的实施提供决策依据和理论支持。

2.2.3.1 城市病的表现特征

城市病在不同的历史时期，其特征表现也会有所不同。在工业革命时期，城市迅速的发展往往超出社会资源的承受力，导致各种传统"城市病"的出现，主要包括人口拥挤，交通拥堵，住房短缺，贫民窟比比皆是，就业困难、工人处境艰难，环境污染严重、公共卫生恶化，贫富两极分化、犯罪率居高不下等等。城市病表现如图 2.9 所示。

图 2.9 城市病组图

（a）交通拥堵；（b）环境污染；（c）人口拥挤；（d）千城一面

我国的城市经历的城市病分为以下几个阶段（见表 2.10）：

第一阶段：20 世纪 80 年代。主要的问题是"分割病"，城市功能和城市空间被计划经济时代的行政指令安排分解得支离破碎，因此规划治理的重点是统筹安排、合理布局、追求整体的和谐。

第二阶段：90 年代。“城市病”主要表现在经过 10 年的恢复发展，城市逐渐积累了一定的财富基础，人们生活水平也大为提升，逐渐萌生了改造城市的需求。

第三阶段：2000 年以后的 10 年间。城市的竞争趋于激烈，快速推进全球化将这种竞争的广度和深度推到了极致，城市是否具有竞争力，成为判断城市是否具有健康活力的主要依据。

第四阶段：2010 年以后。城市病问题趋于多元化，城市无节制的扩张、农民工市民化、蜗居现象、千城一面对城市文脉的破坏、运行效率低下、城市拥堵等等，种种不和谐的因素都与人们日益增长的美好生活需要形成矛盾。

表 2.10 我国城市病经历的阶段（20 世纪 80 年代到 2010 年以后）

时间阶段	目标	主要内容	规划问题与相关策略
第一阶段	兴建住宅	作为政府全额出资的特殊法人负责住宅开发及更新活动	由于缺乏财政补贴，住宅存在价格高、距离远、面积小等问题
第二阶段	控制城市无序蔓延	解决中心区住宅问题，规划权力下放，增加公众参与制度	象征性的公众参与
第三阶段	促进老城区保护与社区营造	提供融资与补助贷款协助	旧城更新与相关法规制度不完善
第四阶段	以民间为主体，政府为协助者	中央政府专款补助，并允许地方发行公债，贷款和税费优惠	多元化的融资制度，促进公私合作
2001 年城市再生整备计划	推动全国层面城市更新	通过公共设施整合以及与公众合作制订指导市町村更新的相关计划	积极参与地区更新，活用社会力量

2.2.3.2 城市病治理的理念与方法

建设经济持续繁荣的城市，良好的经济基础是城市建设的有力保障，任何一个一贫如洗的国家也不可能建设一个好的城市。城市病治理理念如图 2.10 所示。

（1）社会和谐稳定的城市。中国的城市不存在严重的社会暴乱，但是贫富差距日益拉大，强拆、农二代、蚁族等社会问题暗流涌动，如果找不到行之有效的办法，压力不断积累，当矛盾爆发的时候，社会的和谐稳定便会受到严重影响。

（2）文化丰富包容的城市。城市的特色核心实际上是其内在文化和精神的外在表现。一个城市无论其外在环境多么好，还需要经过历史的洗礼和人文的熏陶，因此要不遗余力地保护历史遗迹、发扬文化传统。

（3）生活舒适便捷的城市。人们所需求的城市应当是宜居的，不仅仅有漂亮的外表，宽阔的街道，而应该时刻满足市民的需求，建设部分“公共设施”，如广场、标志性的建筑、体育中心、博物馆、歌剧院等。城市在功能上，要更加地实用，做到统筹兼顾，使得生活、工作、出行更加舒适方便和快捷高效。

（a）　（b）　（c）　（d）

图 2.10　城市病治理组图

（a）文化丰富包容；（b）生活便捷舒适；（c）景观优美宜人；（d）安全保障有力

（4）景观优美宜人的城市。要想营造优美的城市景观，先天的气候等自然条件固然比较重要，但更重要的还是人的观念问题，而观念归根到底还是会回归到制度和文化层面。此外，精致的环境除了精细的设计，更重要的是精细的施工。

（5）安全保障有力的城市。公共安全体现在两个方面：地理安全和心理安全。城市的建设要避免在泥石流、洪水经常发生的地带。对于人们需求的城市能够满足人们心理上的安全需求。

城市中的问题是很多因素交织在一起的，不能纯粹地就问题解决问题，否则会陷入思维定式的陷阱，反而可能造成更大的麻烦。因此，需要拥有联系和跳跃的思维，善于换个角度思考和解决问题，敢于对问题本身提出问题，重构问题，解决问题。

2.3　保护传承规划设计理论实践

2.3.1　西方城市规划理论实践

2.3.1.1　西方城市规划理论

A　两次世界大战之间

20 世纪初，西方自由资本主义发展到顶峰，步入垄断资本主义阶段，资本主义国家经济得到快速发展，资产阶级在政权上得到进一步巩固，西方各国基本进入繁荣时代。这个时期所产生的规划思想与理论，如表 2.11 所示。

表 2.11 两次世界大战之间西方规划思想

规划思想、理论	主要内容	主要人物
田园城市	现代城市规划思想的发端	霍华德
线形城市理论、工业城市理论		勒·柯布西耶
《城市规划法》		英国
《雅典宪章》	提出功能主义的城市规划思想，称为“现代城市规划的大纲”	国际现代建筑协会
《马丘比丘宪章》	蓝图式规划思想批判继承，建立新的规划思想与方法	国际现代建筑协会
城市分散主义	通过疏散大城市的发展压力有效进行城市建设和发展	霍华德、莱特
城市集中主义	通过对大城市结构的重组，在人口进一步集中的基础上借助于新技术手段来改造物质空间要素，从而解决城市问题	勒·柯布西耶
城市有机疏散理论	通过“对日常活动进行功能性的集中”和“对这些集中点进行有机分散”，使原先密集城市得以实现有机疏散	沙里宁

B 第二次世界大战后至 20 世纪 60 年代

第二次世界大战后，西方经济遭到重创，但在战后迅速得到了恢复与发展，当时，欧洲面临着重要任务：一是恢复生产，解决战后房荒；二是有步骤有计划地改建畸形发展的大城市，建设新城，整治区域与城市环境，以及对旧城规划结构进行改造。这个时期所产生的规划思想与理论，如表 2.12 所示。

表 2.12 第二次世界大战后至 20 世纪 60 年代西方部分规划思想

规划思想、理论	主要内容	主要人物
《城乡规划的原则与实践》	城市规划中的理性程序代表理性主义的标准理论，是战后物质性城市规划的标准版本	刘易斯·凯博
《杜恩宣言》	提出以人为核心的“人际结合”思想，要按照不同的特性研究人类居住问题，以适应人们为争取生活意义和丰富生活内容的社会变化要求	国际现代建筑协会
系统规划理论	提倡在规划过程中逐渐认识城市的全部职能，反对命令式的形式主义从城市规划和单纯的专家技术规划	格迪斯
过程规划理论	针对城市规划过程，提出带有工具理性色彩的决策过程的城市规划理论概念	安德烈亚斯·法卢迪
区域规划理论	区域是一个整体，城市是它其中的一部分	芒福德
卫星城理论与新城运动	田园城市中分散主义思想的发展与延伸	雷蒙德·恩温 巴里·帕克

C　20世纪80年代

80年代以后，城市规划理论的发展展示出多元的倾向，如图2.11所示。

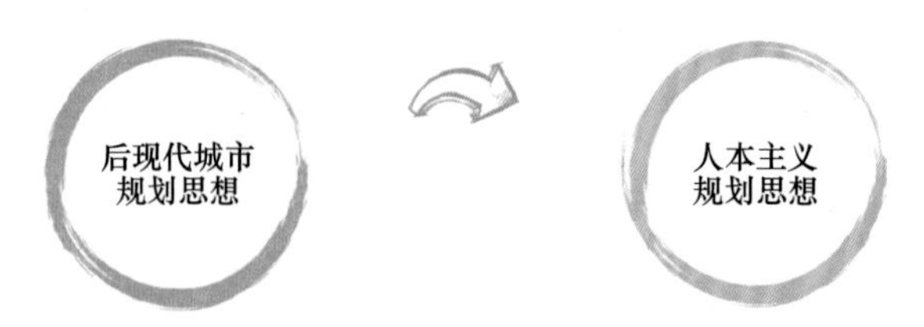

后现代主义是一场艺术、社会文化与哲学思潮，形成于欧美60年代、发展于70年代、成熟于80年代。崇尚文脉主义的规划情感，强调城市必须保持持久魅力，必须实现历史延续，重新链接起被现代主义所割裂的历史情感。

提倡采用古典的方法和城市尺度，改变原先工业化城市的单调面貌和非人性化的空间尺度，使之重新成为具有人情味和文化内涵的居住和工作的中心，促进居民的邻里交流，延续历史文脉环境，增强城市的亲和力。

人本主义思想萌生于人类自我意识觉醒的时期。

自70年代以后，强调从功能理性的现代城市规划转变为注重社会文化多元的"后现代城市规划"。

人本主义成为后现代城市规划思想的核心，城市规划开始由工程技术向关注社会问题转型。后现代社会下的人本主义思潮思想特点主要呈现在反对唯科学主义，主张人际沟通与关系重建，提倡人与人的和谐交往、人与自然间的交融，并强调人的独特性和多元性。

图2.11　第二次世界大战后西方部分规划思想

D　20世纪90年代以后

1990年，英国城乡规划协会成立了可持续发展研究小组，并于1993年发表了《可持续发展的规划对策》，提出将可持续发展的概念和原则引入城市规划实践的行动框架，将环境因素纳入各个层面的空间发展规划。

2.3.1.2　伦敦城市规划实践

A　历史发展

伦敦有近2000年的历史。该市由3部分组成，即伦敦城、内伦敦和外伦敦，合称大伦敦市。伦敦起初是一个位于泰晤士河北岸的凯尔特人的小村落，古罗马时期创建大不列颠城，到公元100年，伦敦成为拥有很多码头、货仓以及一座永久性木桥的英国贸易首府。到了公元3世纪中期，大不列颠城的范围大致与现在的伦敦市一样，约5万居民。

1197年，城市开始建造新伦敦桥，同时有6个城门穿过城市的古罗马城墙。12世纪末，大约有4万人居住在城墙内。14世纪，伦敦城墙以外的地方也开始迅速发展。到1600年，人口已达到20万。1666年，一场大火严重毁坏了以木建筑为主的城市和圣保罗大教堂的许多部分。

步入19世纪，伦敦拥挤不堪，一批大型城市基础设施得以建设。在1854年，伦敦建成世界上首条地下铁路，并且于1859年首次运行有轨电车。

1851年，大英博览会（The Great Exhibition）于海德公园（Hyde Park）内一个完全新建的由铸铁和玻璃构件组成的大型预制结构中举行。这次盛会象征着大不列颠帝国的最光辉时期，而作为帝国心脏的伦敦，成为当时世上最富庶和人口最为稠密的城市。

大伦敦的发展在近代经历了一个集中、疏散和再集中的过程。到1960年代初，伦敦已达到经济发展的较高水平。在21世纪的黎明时分，伦敦又一次在泰晤士河畔期盼着一个崭新的开始。

B 经济概况

伦敦作为一个老牌工业国家的首都，在世界城市体系中具有重要的地位和作用。不仅是英国经济、政治、文化、旅游中心，更可以在国际水平上提供学术、研究和咨询服务的世界中心，如图 2.12 所示。

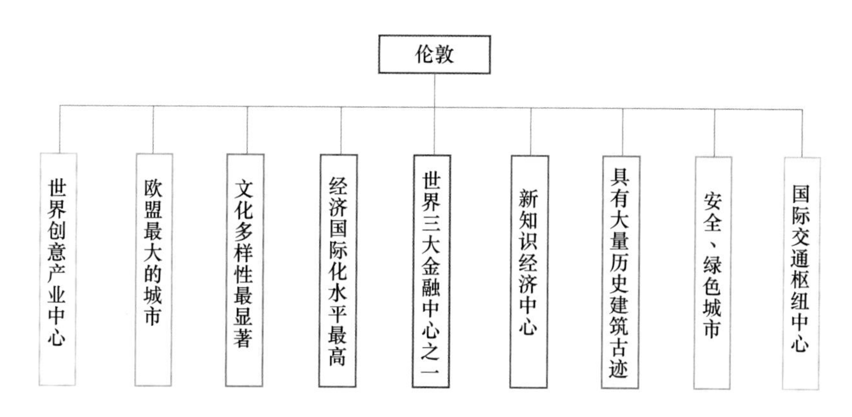

图 2.12 伦敦在世界城市体系中的地位

C 码头区的复兴

a 第一阶段：从整体层面考虑码头区的规划

从 1981~1983 年，David Gosling 与 Gordon Cullen 以及 Edward Hollamby 合作开始为码头区作“总体城市设计研究”，提出了 4 种不同的概念：前两种以工业社会的科学技术为基础；第三种概念试图恢复从格林尼治到莱姆屋区的历史视觉轴线；而第四种概念着力于私有化码头和河流旁的滨水区域。

卡伦赋予老格林尼治轴线新的内容，营造了通向麦塞特公园（Mudchute）和内湾的视廊，麦塞特公园位于狗岛南部，是过去建造码头时挖掘土壤堆积形成的山丘。视廊的建设使人在麦塞特公园的制高点能够欣赏到包含泰晤士河和狗岛在内的伦敦全景画。

在卡伦的方案中，还为私人开发商的建设规划好了地块。但是伦敦码头区开发公司认为卡伦的方案更像是一个古典的“城市设计方案”，没有考虑实际的地形学要素和资源。码头区的规划不应该是预先设置好的，而应该是逐步生成的。

最后，卡伦的以历史轴线为特色的方案最终让位于政府的规划策略：沿着河流和内湾建设了几块居住区，但它们彼此间相互独立和分离。

b 第二阶段：从具体因素出发考虑的城市规划

在这一阶段中，伦敦码头区开发公司很少从大的城市背景下出发考虑码头区的空间协调性，他们的方案往往集中于某些细节，其中主要有以下三个具体方面：

（1）企业振兴区的建设。主要是引入有吸引力的、先进的、相对轻型和干净的新工业；同时，也具备良好的居住环境，为附近工厂里的工人提供住所。

（2）基础设施建设。1981~1985 年，伦敦码头区开发公司为码头区制定了新一轮交通规划，不仅加强了码头区与伦敦的联系，更重要的是使其与整个世界相联系。政府建设了大量基础设施，主要有高架桥上运行的轻便铁道、短距离起落的飞机场、与城市相联的快速渡轮。

（3）新的居住区建设。住宅建设是伦敦码头区开发公司工作的重点，他们认为成功的关键在于更新和利用传统的广场和屋顶平台，除了提供足够数量的住宅外。

c 第三阶段：金丝雀码头新中心的建设

1984~1985 年，随着企业振兴区的建设，人们需要一个能代表码头区形象的“城市中心区”，那就是金丝雀码头，同时这个中心区将会成为码头区的金融区。奥林匹亚和约克公司将狗岛上原来的西印度码头改造成今天码头区的金融中心，或者称之为金丝雀码头，金丝雀码头除了承担金融办公功能以外，同时也是岛上的交通枢纽。

d 第四阶段：灵活应变的城市规划

在 1992 年的失败以后，新一轮规划又开始了。伦敦码头区开发公司致力于发展一个更坚实、更长期的码头区规划结构。这项尝试逐渐发展成为一种有着灵活应变能力的规划思想，它被称作“发展框架”。“发展框架”的思想摆脱了长久以来细枝末节的束缚，继戈斯林之后重新从整体上来考虑码头区的发展。

2.3.1.3 巴黎城市规划实践

A 历史发展

巴黎位于法国北部巴黎盆地的中央，是法国的首都，是法国政治、经济、文化和交通中心，处于欧洲的心脏部位。巴黎的城市发展历史，如图 2.13 所示。

公元前123年	罗马人将这座小岛发展为“吕岱斯”小城镇。
公元4世纪初	将该城命名为“巴黎”。
公元9世纪末	巴黎再次成为法兰克首都。
公元14世纪后叶	在塞纳河右岸扩建了巴黎的第三座城墙——查理五世城墙。
15世纪中叶	英法签订停战协议，战后巴黎重建，经济开始复苏。
16世纪中叶	巴黎的文艺复兴在亨利二世统治时期发展到鼎盛。
16世纪后叶到18世纪后叶	法国资产阶级大革命爆发前夕。
1792年	法兰西历史上第一个资产阶级共和国成立。拿破仑称帝后，对巴黎进行了新的扩建，建造了大批古典风格的建筑，在巴黎西部建造了贵族区等。同时，塞纳河河道被疏通，两岸得到修整。
1840年以后	巴黎建设了通向凡尔赛的铁路和最后一道城墙。
1859年	拆除巴黎外墙，在旧城区开辟林荫大道，建造新古典主义广场，建造城市地下水道和供水网。
1875年	法兰西第三共和国宣布成立。1889年建造了举世闻名的埃菲尔铁塔。
20世纪初	巴黎的城市发展进入扩张阶段。
20世纪70年代	发展郊区卫星城。
1970年代末	兴建了拉·德方斯新区，是巴黎重要的商业中心，是巴黎现代化建设的一个缩影。

图 2.13 巴黎的历史发展过程

B 经济概况

按照行政管辖范围，巴黎有小巴黎、巴黎大区之分，如图 2.14、图 2.15 所示。小巴黎是巴黎市，是法兰西共和国的第 75 个省。行政辖区面积约 105km^2，包括大环城公路以内的 20 个专区、布洛涅和凡塞纳两个森林。巴黎的人口几乎完全集中在环形线内的巴黎老城区。巴黎市的 20 个专区是以塞纳河心的西岱岛（Lile de la Cite）上的巴黎圣母院和塞纳河右岸的卢浮宫为中心，按顺时针方向，呈螺旋状向外扩展构成。巴黎占地面积约占巴黎大区总面积的 1%。巴黎大区，又称法兰西岛，由巴黎和郊区的三个省远郊四个省构成。总面积为 2011.3 平方公里，占全国总面积的 1/50，人口超过 1100 万。

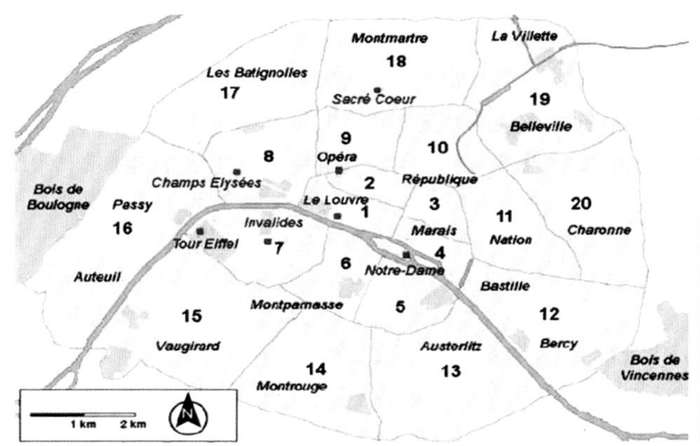

图 2.14 巴黎市行政区划

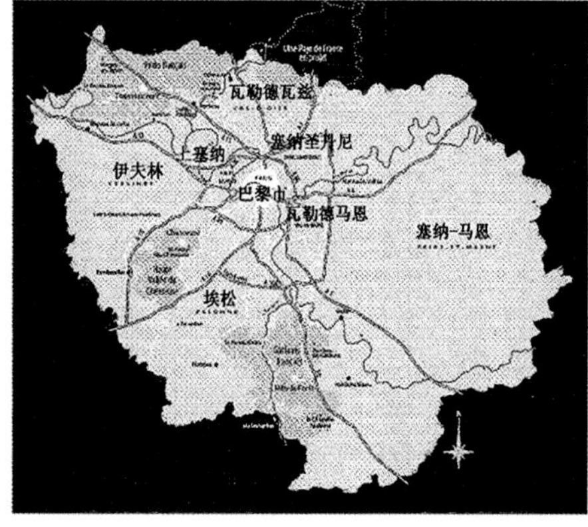

图 2.15 巴黎大区行政区划

巴黎大区是法国最大的工业基地，生产和资金高度集中。冶金、机床、汽车、航空、化工、电器、电子等工业迅速发展，传统的时装设计、化妆品工业更是举世闻名。如今，巴黎地区仍然是以服务业为主，就业人口占整个地区就业总数的 70%，高于全国的平均水平。

C 城市发展规划的政策演变

巴黎是法国经济、金融中心，也是国际金融中心。表 2.13 所示是巴黎在城市发展过程中的一系列政策演变。

表 2.13 巴黎城市发展规划政策演变

时间	规划政策	主要思想
1934 年	《巴黎地区空间规划》	旨在对巴黎地区向郊区膨胀现象进行控制，从区域高度对城市建成区进行调整和完善
1956 年	《巴黎地区国土开发计划》	通过划定城市建设区范围来限制巴黎地区城市空间的扩展，并同时致力于降低巴黎中心区密度，提高郊区密度，促进区域均衡发展
1960 年	《巴黎地区国土开发与空间组织总体规划》	通过限定城市建设区范围来遏止郊区蔓延，追求地区整体均衡发展
1965 年	《巴黎大区国土开发与城市规划指导纲要（1965~2000 年）》	完善现有城市聚集区，有意识地在其外围地区为新的城市化提供可能的发展空间

续表 2.13

时间	规划政策	主要思想
1976 年	《法兰西岛地区国土开发与城市规划指导纲要（1975~2000 年）》	重视对现状建成区的改造与完善，主张加强保护自然空间，在城市化地区内部开辟更多的公共绿色空间
1994	《法兰西岛地区发展指导纲要（1990~2015 年）》	制定 21 世纪巴黎地区发展总体目标和战略

2.3.2 中国城市规划理论解析

新中国成立以来，我国的城市规划事业经历了五个阶段，构成了一个曲折的过程。本书以每十年为期进行划分和描述，即 1950 年代的创建和发展时期，1960 年代的波折和破坏时期，1970 年代的起伏和复苏时期，1980 年代全面恢复和发展时期，以及 1990 年代以来的继承和创新时期。

2.3.2.1 1950 年代创建和发展时期

新中国成立以来，城市规划事业从无到有、从小到大逐渐发展起来。“一五”期间为适应经济建设发展，满足建设新工业区、改造老城区的需要，国家建立了统一进行城市规划设计、审批、管理的工作部门，开始了这一新领域的工作，可谓是我国城市规划的起步。

国民经济恢复时期，为了迎接大规模有计划的经济建设，国家对城市建设和规划管理工作的开展给予了足够的重视。在国家建工部成立了城市建设局，地方各城市也都建立了城市建设管理机构，并且在一些重点城市成立了建设委员会，由其负责领导城市规划及设计工作，监督检查城市内一切建设工作。这一时期，中国的主要发展阶段与出台的相关政策，如图 2.16 所示。

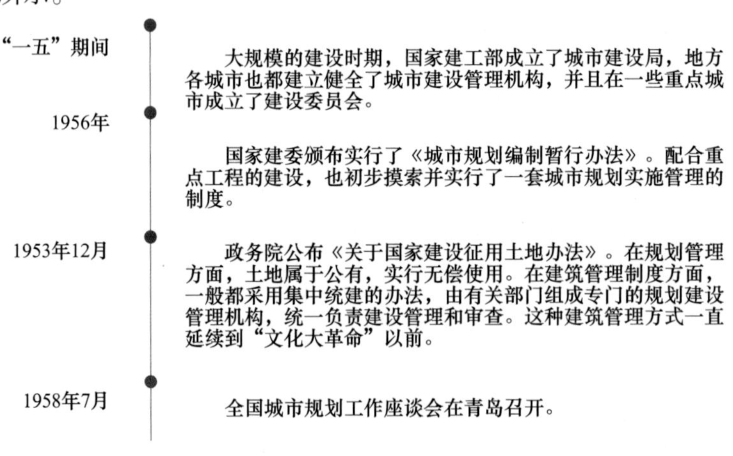

图 2.16　中国城市规划创建和发展时期

2.3.2.2 1960 年代波折和破坏时期

1960 年代是我国城市规划经历挫折与破坏的时期，主要发展过程如图 2.17 所示。

1958年以后　全国逐步出现“大跃进”和“左”倾冒进的倾向，并在城市建设领域很快有所反映和表现。

1960年5月　桂林会议召开。城市建设领域开始全面的“大跃进”。城市规划指导思想出现明显偏差和失误，城市规划和建设工作脱离实际。

1960年11月　全国计划工作会议上提到了“四过”问题，即规模过大、占地过多、求新过急、标准过高，宣布“三年不搞城市规划”。大部分城市都出现了“骨头”和“肉”比例关系失调等问题，造成了难以弥补的损失。

1966年下半年至1971年　城市规划和建设遭受破坏最为严重的时期。“文革”开始，国家建委城市规划局和建工部城市建设局即停止了工作。

1969年5月　建工部城市建设局被撤销。10月，国家建委城市规划局被撤销。

1970年6月　建工部被撤销。各城市也纷纷撤销城市规划建设的管理机构，下放规划工作人员，城市规划工作被废弃，城市规划被认为扩大了城乡差别、工农差别，是修正主义。

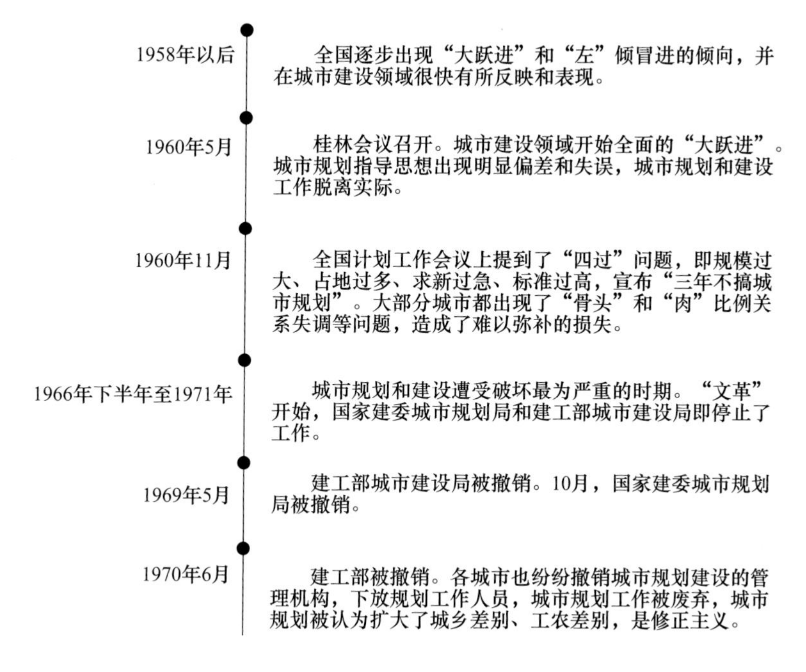

图 2.17　中国城市规划波折和破坏时期

包括首都北京在内，城市规划自 1967 年起暂停，因此在未来五年多时间中，北京的建设基本上是在脱离城市规划的指导下进行的。

2.3.2.3　1970 年代起伏和复苏时期

十年动乱结束以后，城市规划和规划管理工作进入了一个新的历史阶段，开始出现历史性的转折。1978 年 3 月，国务院在北京召开了第三次全国城市工作会议，会议强调了城市和城市规划的重要性，提出要加强城市规划工作，传达出了城市规划工作即将开始恢复的信号。1970 年代是我国城市规划起伏和复苏时期，如图 2.18 所示。

“文革”后期　北京市城市规划局的机构首先得以恢复，这对全国各地城市规划工作的恢复起了推动作用。

1971年11月　国家建委召开了“城市建设座谈会”，桂林、南宁、广州、沈阳、乌鲁木齐等城市的规划工作先后开展了起来。

1972年12月　国家建委设立了城市建设局，统一指导和管理城市规划及建设工作。

1973年9月，在合肥召开了城市规划座谈会。会议讨论了《关于加强城市规划工作的意见》《关于编制与审批城市规划工作的暂行规定》《城市规划居住区用地控制指标》三个文件，对全国城市规划及管理工作是一次有力的鼓舞和推动。

会后西安、广州、天津、邢台等城市陆续开展规划工作，多年来被废弛的城市规划编制和管理工作开始出现转机和复苏。

图 2.18　中国城市规划起伏和复苏时期

2.3.2.4 1980 年代全面恢复和发展时期

进入 20 世纪 80 年代后，城市规划开始全面复苏，城市规划在社会经济发展中的需求显著增加。它带来了新中国历史上规划工作的第二个春天。面对经济社会发展的背景，规划工作及时更新概念，进行相应调整，通过积极探索和持续改进，形成更加系统的城市规划理论和方法；与此同时，土地规划和区域规划工作也已开始进行。对城市功能的认识，开始跳出过去单方面强调生产功能、“重生产轻生活”的认识框架。图 2.19 所示是我国这一时期主要的城市规划思想。

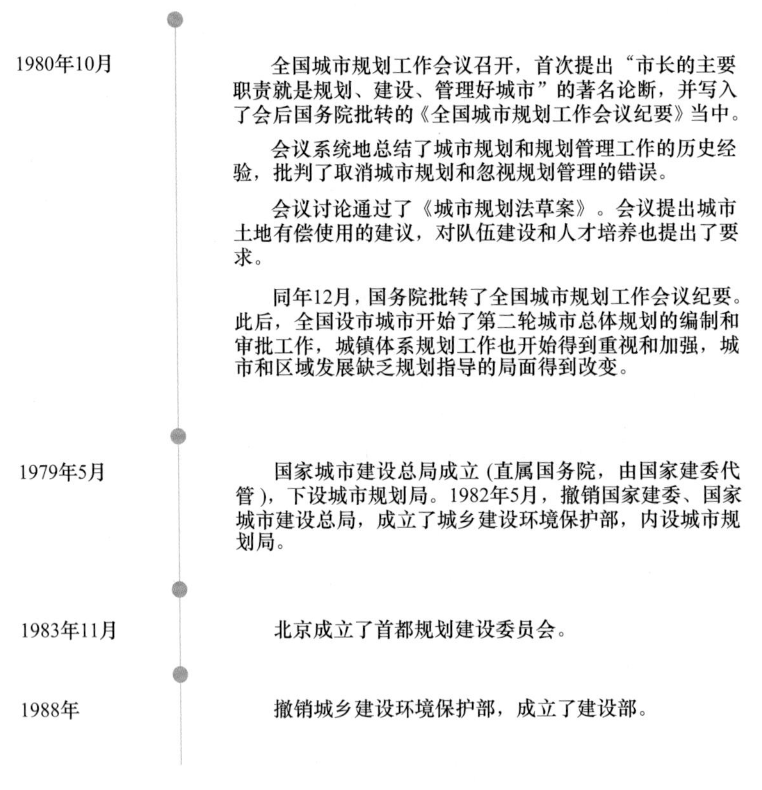

图 2.19 中国城市规划恢复和发展时期

城市规划工作的全面恢复和发展，发轫于 1980 年的全国城市规划工作会议，在此基础上，整个 1980 年代的城市规划工作取得了长足的发展和进步，成为新中国城市规划发展历史上值得特别书写和记录的一段时期，也可以说是成绩最大的十年。这为城市规划工作在进入 1990 年代后应对市场经济的“洗礼”和“冲击”，为城市规划工作适应从计划经济体制向市场经济体制的转轨，奠定了良好的制度基础和技术储备。

2.3.2.5 1990 年代以来继承和创新时期

1992 年 10 月，党的十四大提出了建设有中国特色的社会主义，确定经济体制改革的目标是建立社会主义市场经济体制。到 1993 年 11 月，中共中央十四届三中全会公布了《中共中央关于建立社会主义市场经济体制若干问题的决定》。

1996 年 5 月国务院下发《国务院关于加强城市规划工作的通知》（18 号文件）。文件明确了在新形势下“需要切实发挥城市规划对城市土地和空间资源的调控作用，促进城市经济和社会协调发展”；文件对于新的市场经济体制下城市规划的定位是：“城市规划工作的基本任务，是统筹安排各类用地及空间资源，综合部署各项建设，实现经济和社会的可持续发展。”

1999 年，建设部颁布了《城市总体规划审查工作规则》。同时，区域规划工作在新形势下也有了新的推进，省域城镇体系规划开始上报国务院，并经国务院同意后由建设部批复，其地位和权威性得到了提高；市域、县域城镇体系规划作为城市总体规划的一个组成部分，纳入城市总体规划中；全国城镇体系规划由建设部报国务院审批。

2000 年，《国务院办公厅关于加强和改进城乡规划工作的通知》（国办发 [2000]25 号）下发。2002 年，《国务院关于加强城乡规划监督管理的通知》（国发 [2002]13 号）下发，再次强调了规划管理工作的重要性，并重点对城乡规划监督管理的问题提出了要求，作出了部署。

2005 年 7 月，根据国务院的会议部署，全国城市总体规划修编工作会议在北京召开。会上强调：规划是城市管理的第一要务，市长是城市规划工作的第一责任人。

2017 年，为期三天的中国城市规划年会在广东召开。此次年会是全国城市规划行业系统学习贯彻党的十九大精神的重要会议，也是聚焦当前城市规划工作的热点、难点问题的会议。深入贯彻党的十九大精神是规划工作的主要任务，也是此次规划年会的总基调。

2.3.3 中西城市规划理论对比

2.3.3.1 中西方语境的差异

（1）西方的历史观念经过了中世纪的混沌，文艺复兴的距离感，理性时代开始认识到过往与当下的冲突，工业时代在追慕起过往的同时，也以今天的成就为自豪，直到现代社会认识到过往是被今人所阐释出来的这样一条线索，而中国哲学很早就认识到古代与今天的距离感，也认识到古代与当代的轮回与转化，这是与西方很不一样的。

（2）基于对过去的认识，西方的美学对于废墟是推崇的，而中国哲学中有两种观点。在士大夫的眼中，“树小墙新画不古”是肤浅的暴发户们的表现。另一方面，他们对古董字画是十分看重的，但是对于建筑来说，却不希望其呈现破败之况。这看似矛盾，却也好解释，中国人好古不好残，对古董字画的精细保存行为满足了人们赏古的欲望。同理，一座建筑如果很破败，那么对其修缮对中国人来说，才是保护的过程。

（3）西方的保护历程中，很多个人和社会团体发挥了重要的作用。在中国，也有类似情况，譬如说岳阳楼的修复，但是这种建设活动主要由地方官员发起主持，体现了地方官员的主观意志。修复的目标也是为了明志或是传承文字，对楼本身的艺术、历史价值并不看重。到了清代，产生了重视建筑本身的“保全”与“一兴而不复废”的思想，形成具有现代保护思想的雏形。近代以后，中国的保护实践开始逐渐走向现代。

（4）在中国传统修缮理念中有“修旧如旧”与“因旧为新”两种。“修旧如旧”即是“恢复旧观”，体现更多的是对建筑风貌的恢复，对原物的尊重和对历史事件的追忆与对古人文化传统的复兴。“修旧如旧”乃是对建筑本身与建筑文化的双重复兴。“因”即因袭，“因旧”

即是参照原先的形制，利用原有的建筑材料，建成效果讲究“恢复旧观”，即恢复到历史上楼阁落成时的壮观景象。而“为新”一则指表面上的翻新；其二亦有建筑重获新生之意。“修旧如旧”与“因旧为新”与西方的“保护”与“修复”有类似之处。“修复”一词从类似“修理”的含义逐步变成“过度修复”的贬义含义，再逐步被“保护”所替代，体现了西方保护思想工具理性的进程，而中国的“因旧为新”是常态，甚至“拆其旧而新之”也是常态。

2.3.3.2 社会经济背景的差异

在西方，由于西方发达国家都进行了较为彻底的产业革命，其城市化水平高，西方的城市化已基本走完了其兴起、发展和成熟的历程，进入了自我完善阶段，未来发展将日趋缓和。长期市场经济价值规律的作用直接促使了城市的快速发展，城市环境、布局和空间结构都发生了很大变化，“城市病”问题已有不同程度的减轻。在政府、私有部门和社区的多方合作下，促使了西方城市富有生机活力，让西方的城市更新在市场化导向中良性循环发展。

而在我国，受社会历史原因的影响，在长达两千多年的封建制度下，自然经济落后、商品经济发展缓慢，城市化发展步伐艰难，因而遗留了许多城市问题。解放初期，在我国政府主导的计划经济体制影响下，城市土地基本通过征用或划拨来实现，城市建设和发展几乎在纯政府和资金匮乏的推进下完成，城市发展受到行政和计划的影响，城市化发展缓慢，城市面貌贫穷落后，城市更新改造的步伐迟缓。

2.3.3.3 城市更新动因与目标的差异

在西方，受现代城市规划理论思想、“人本主义”思想、可持续发展观等思想的影响，西方国家城市更新走上良性循环的发展轨道。在消除贫民窟和城市重建计划推动下，西方国家出现大规模的城市更新运动，法国巴黎、英国伦敦等历史悠久的城市都进行城市重建；美国纽约、英国曼彻斯特等城市的贫民窟转移运动，其动因和目标是消除贫民窟，美化城市面貌和功能，振兴城市经济，实现城市可持续发展。

而我国城市更新的兴起，与西方城市更新的动因与目标不同。由于我国老城区底子薄，长期以来缺乏有效的政策引导和雄厚的资金保证；许多老城区都普遍存在布局混乱，房屋破旧，居住拥挤，交通阻塞，环境污染，市政和公共设施短缺等衰落问题。不能适应城市经济、社会发展和改革开放的需要，并危及城市和历史遗产的保护与继承，造成严重的社会问题，老城区的保护与再利用迫在眉睫。新中国成立后，党中央提出“重建国家”的政治目标和“一五”计划，党的工作重心从农村向城市转移，优先发展重工业，从而促进城市快速扩张，实现城市化、工业化快速发展。改革开放后，随着商品经济的发展与社会主义市场经济的逐步形成，城市经历着急剧而持续的变化，城市经济迅猛发展，城市建设明显加快，大量农村人口转入城市；城市条件滞后和住房短缺成为城市的突出问题，老城区更新再利用也以空前的规模与速度展开。

3 老城区保护传承规划设计内涵分析

对于一座城市来说，历史延续的意义远远大于一时的经济利益，保护老城区的完整性和真实性，继承优秀文化是新型城镇化建设的重要组成部分，也是亟待解决的问题。快速的城市化为城市发展带来了新的机遇，但同时也影响了旧城的传统文化，造成了许多历史建筑、传统特色、文化遗产等的丢失。因此，对老城区的保护传承与规划设计刻不容缓。

3.1 保护传承规划设计因素分析

3.1.1 政治因素

3.1.1.1 法律制度

新中国成立以来，我国的历史文化遗产保护制度可分为两个层次：国家保护法、法规和规范性文件，以及地方法律法规文件，如图 3.1 所示。

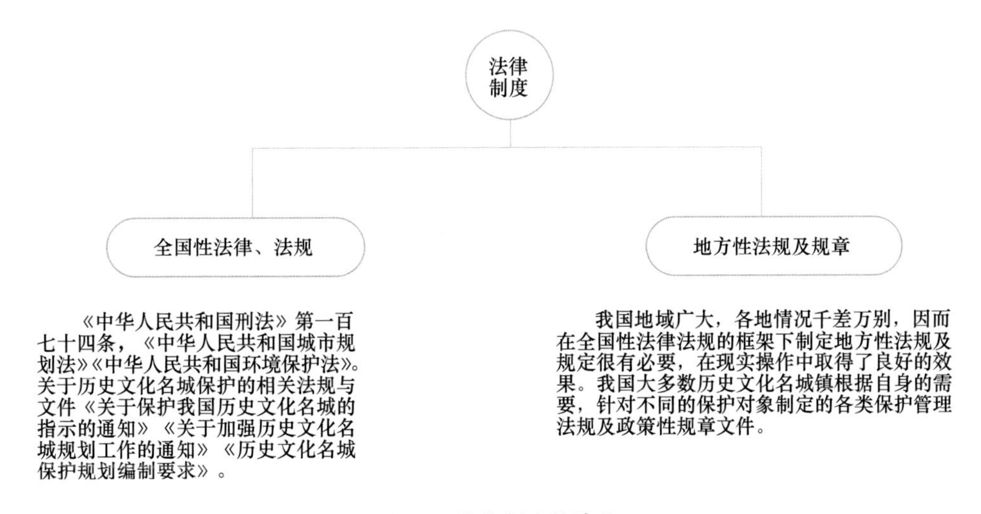

图 3.1 法律制度的演化

3.1.1.2 老城区的法律界定原则

划定老城区的范围应考虑到自然环境的完整性，例如历史建筑的边界、建筑物的边界或建筑物所在的区块、地形和植被、景观的完整性，以及道路、河流等明显的地标和行政管辖权等方面的因素，如图 3.2 所示。因此老城区的范围界定应符合以下原则：

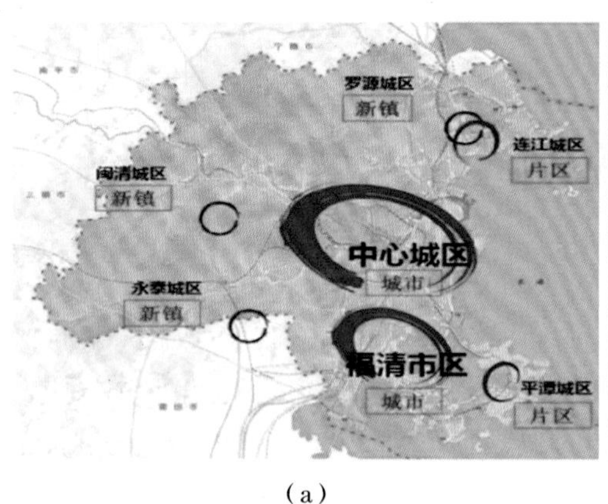

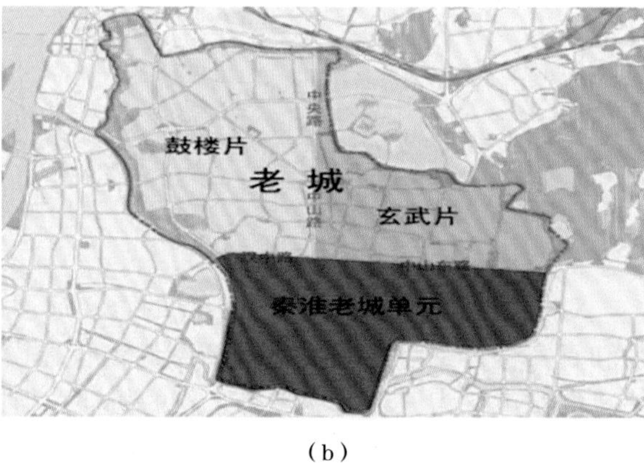

（a）　　　　（b）

图 3.2　城市老城区界定

（a）城区扩张；（b）历史城区

（1）历史真实性。历史真实性的定量表征主要从旧城建筑时代进行分析。老城区中最能反映传统建筑时代的历史建筑或建筑区域的数量应占总数的 50%左右。

（2）生活真实性。生活的真实性意味着旧城不仅是人们过去生活的地方，而且还将继续发挥其功能，是社会生活自然有机的一部分。人是老城区中不可或缺的重要组成部分，对老城区的生动画面展示具有重要的作用。这基本上保证了老城区的社会生活结构和生活方式不会被破坏。

（3）风貌完整性。老城区的风貌完整性主要包括有两个方面的含义：一是该地区必须具有一定数量和比例的保留原有历史风格的建筑；二是老城区要有一定的规模。这样才能具有相对完整的社会生活结构体系，如图 3.3 所示。

（a）　　　　（b）

图 3.3　陕西咸阳历史风貌保护

（a）咸阳博物馆；（b）咸阳文庙

3.1.1.3　产权界定

作为城市规划的发展部门，政府在老城区改造中发挥着重要作用。历史文化名城是 1982 年 2 月才审批下来的，而此前对于历史文化名城的保护并未制定过规范，这给保护工作的开展与执行带来了一定的困难。因此，历史文化城市保护规划规范的制定和颁布已成为当前的首要问题。只有有了明确的保护规划规范，才能有效避免人为因素对于老城区的大面积的破坏。其次，产权关系的明确也是政府部门的职责之一。

通过明确的产权关系，可以了解政府手中有多少栋建筑物以及私人手中有多少栋建筑物。根据计划的需要，政府将协调和实施其与业主、开发商对原有旧城的整体改造。这不仅避免了政府在大规模重建中的沉重财政负担，而且避免了小业主对单体建筑改造从而造成的与街道整体风格不协调的情况。同时，这也有利于吸引投资参与项目的转型。随着相关规划的出台，相信旧城保护方面的问题会有很大的改观。

3.1.2 社会因素

一般来说，城市的历史和文化都集中在老城区和文物中，这些历史文化载体通常出现在城市的老城区，其中大量的文化底蕴和内涵有待发掘。老城区的大多数居民对于他们所居住的社区都具有强烈的认同感和归属感，邻居之间的交流互动已成为居民之间重要的联系方式。这种和谐的社区对社区情感网络的维护和发展有积极的影响。同时，老城区的建筑风格、街巷格局、装饰纹样和色彩等也都承载了大量历史信息；老城区内居民的风水意识、民俗礼节、传统生活方式的留存程度也明显高于新建城区，民间手工艺、曲艺娱乐活动等历史文化遗产也集中呈现于此，如图 3.4、图 3.5 所示。

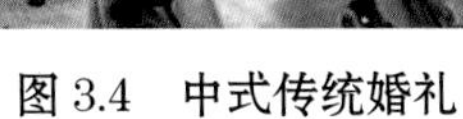

图 3.4 中式传统婚礼

图 3.5 民间手工艺

3.1.2.1 提供场所记忆

著名的美国城市主义者穆姆福德曾在他的著作《城市发展史》中提到：城市靠记忆生存。群体记忆是一连串的思想，现在仍然在移动。城市高速发展使得城市风貌在短时期内产生巨变，随之改变的还有人们的生活习惯、社会习俗，这一系列变化造成了城市群体记忆的快速丧失，这已经成为国内城市建设过程中的普遍现象。老城区的更新面临着历史文化传承、传统意识延续、城市景观协调等复杂问题，是构成居民认同感和归属感心理因素的外在表现。因此，对于老城区的保护和场所精神的继承，有利于当地居民增强对老城区的认同感和归属感。

城市基础设施与建立的各种机构和设施是为城市功能的开展而服务的，以促进各种经济活动和其他社会活动的顺利进行。城市的发展是一个新陈代谢过程，不可避免地进入从源起到衰退再到重生的循环。在繁荣之后建成几十年的城市可能面临基础设施滞后，城市血液老化以及无法有效支持各种功能的继续发挥，从而导致城市各种设施的使用效率低下。因此，基础设施升级是城市更新的重要原因。加快完善老城区陈旧基础设施的更新，并通过控制城市再开发的强度减少对基础设施的压力，是城市更新过程中需解决的首要问题，如图 3.6、图 3.7 所示。

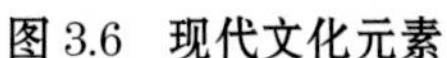

图 3.6　现代文化元素

图 3.7　环湖走廊

3.1.2.2　丰富社会服务功能

老城区的保护更新在很多时候是顺应民意，与城市居民的生存、文化以及生活愿景息息相关。想要维护老城区的稳定，保护过程中的公众参与是不可或缺的。同时，公众参与应该贯穿在规划、实施、运营的过程中且参与方式多样可变。

人们的生活需要室内空间，同样也需要户外空间，伴随着生活节奏加快、生活压力的不断增加，户外休闲对忙碌的上班族来说似乎变成了一种奢望。滨水绿道的规划建设，让处于城市任何角落的我们都可以随时享受这份自然的馈赠。在绿道与老城区衔接的公共空间里，人们辛苦劳作一天后来此散步、休息和交流，使得这里成为一个公共社会的空间，是人与人、人与自然交流的场所，如图 3.8 所示。

老城区的改造过程中除了建筑和街道的改造方面外，还会面临街道功能的转化的问题，这些问题如果处理不好会导致经济方面的失败，从而影响到老城区更新的进程。因此，老城区在功能定位时应突出其自身文化性、商业性强的特点，在对内方面，应将一些周边邻近地区的文化设施纳入其整体中来，如图 3.9 所示。

图 3.8　老城区的嬗变之美

图 3.9　修缮一新的新疆喀什老街道城区

3.1.3 文脉因素

3.1.3.1 文脉与文脉主义

文脉与文脉主义的定义与内涵如图 3.10 所示。

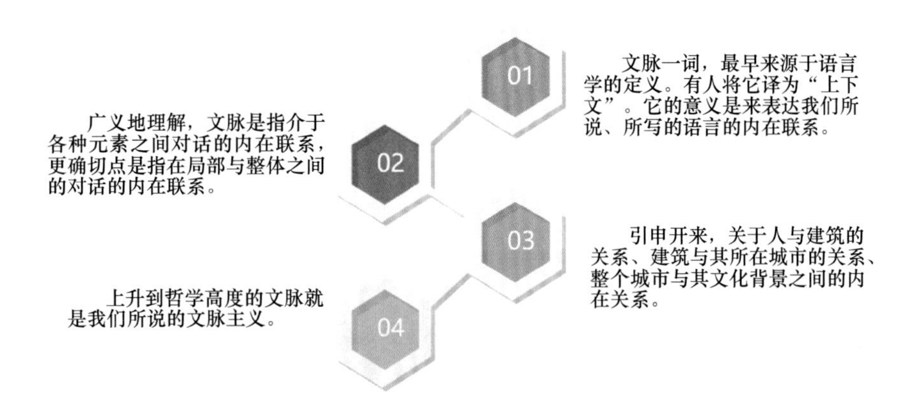

图 3.10 文脉与文脉主义

3.1.3.2 文脉传承的目标

老城区作为城市的一部分，在城市的文脉传承中首先要考虑的是整体文脉特征的一种延续。引入文脉的整体概念，对老城区文脉的传承进行一定的分析，在对城市整体文脉特征进行分析研究的基础上，提炼出在城市中适合沿用的文脉特征，创建一个既具有老城区文脉特色，又具有现代化风格的文脉系统。

3.1.3.3 文脉要素载体

通过对老城区文脉的综合分析，文脉构成要素载体中能成为老城区文脉系统中最基础的凝结点如下：

（1）显性要素中的凝结点。城市背景的显性元素在物质环境方面承载着城市的文化记忆功能。历史背景越持续，继承物理环境的可能性就越大。通过对老城区文化语境中主导要素的继承和优化，在语境系统中实现了文化系统主导要素的继承。在老城区背景下整合主要元素的载体后，认为适合老城区继承和发展的载体是自然环境、空间结构和形式。

（2）隐性要素中的凝结点。老城区是人类社会和文化的载体，那么如前所述，构成社会文化的社会组织结构、经济形态、宗教信仰、思维方式等诸多因素及建立在其基础之上而反映出的生活方式、社会行为、审美情趣、价值取向等心理与行为的演变必然引起城市的改变。而城市的性格也就在这样的一些方面展现。对于老城区来说，缺乏对城市环境系统中隐藏元素的保护。因此，城市地区语境系统继承的主要部分是继承母城语境系统的隐含因素。

作为城市的中心，有必要对旧城背景系统中的隐藏元素进行积极的继承。因为现代城市建设不可避免地与传统的城市建设有所不同，应考虑社会组织结构，哲学观，思维方式，审美方式，传统民俗和风水观的载体。

3.1.4 环境因素

老城区的环境因素可分为两个方面：利用性控制与保护性控制。前者主要通过适当的景观控制方法，将旧城的积极历史景观带入城市发展。通过历史景观渗透到城市，提升城市整体文化水平，加强城市特色建设，增强城市的可识别性。历史景观深入城市内部，充分发挥老城区的外部效益，提升城市土地的价值。保护性用途还通过合理的视线控制来实现老城区及其周围土地的利益的最大化，消除城市景观对老城区的负面影响，同时不影响老城区景观寻找周围土地利用的最大值，如图 3.11 所示。

（a）

（b）

图 3.11　社区景色

（a）特色小区；（b）江南水乡

在具体方法上，讨论了建筑物观赏，城市特色景观画廊，特色街道和河道规模等方面。在这些方法中，主要控制人的视角和心理感，并控制街道的规模，河的宽度和周围建筑物的高度，以控制地标的前进撤退的规模。然而，总体来说，城市缺乏对旧城规划中视线控制方法的具体研究，而且从线路的角度来看，缺乏对历史空间与城市整体形态关系的讨论，如图 3.12 ~ 图 3.15 所示。

图 3.12　老城区街巷

图 3.13　老城区空中俯视

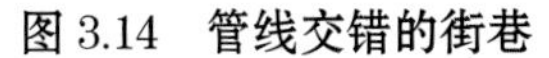

图 3.14　管线交错的街巷

图 3.15　维修不便的线路

3.2　保护传承规划设计观念分析

3.2.1　居住观念

古罗马人最早提出“场所精神”的概念,认为任何独立的个体,包括人和场所,均有“神灵”伴其左右，是人在该场所内的守护者，并决定该场地的特征和属性。人们在神灵的庇护和指引下，察觉和体验所在场所的精神特性。这也是古罗马人最初的朴素的世界观，诺伯格舒尔茨在其著作《场所精神——迈向建筑现象学》中重新提出了这个概念。他从知觉和现象学的角度重新研究并阐释场所的现象，认为场所具有容纳不同内容的能力，它能为人的活动提供一个确定的空间。而且其结构不固定和永恒。即具有“场所精神”。“场所精神”也就是场所的特性和意义。因此,场所精神体现在人对环境感知的两个方面：方向感、认同感，如图 3.16 所示。

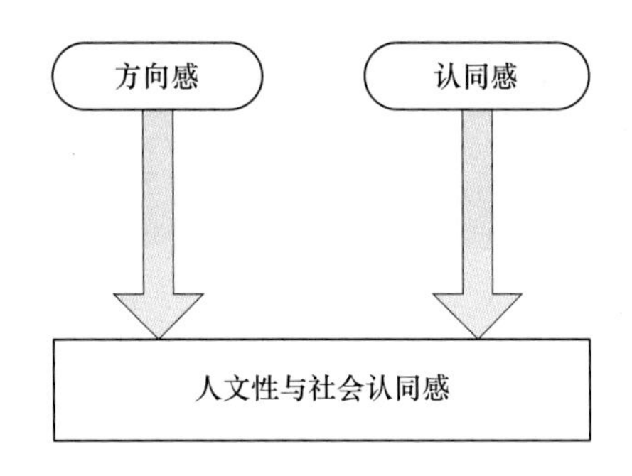

图 3.16　场所精神的体现

（1）方向感。方向感指的是人们识别方向并澄清他们与地方的位置关系的能力。人类生活总是与中心有关。布鲁诺说，人们需要一个中心位置的空间作为思想存在的地方，在那里他可以蹲下并住在太空中。路径（或轴）是中心的必要补充，即内外关系或行动中的“到达”和“离开”。该路径存在于所有环境层面，代表了运动的可能性。简单来说，即场所精神的物质性层面，包括构成场所的基本物质和空间，以及人在场所中的一切物理性活动，如图 3.17、图 3.18 所示。

图 3.17　欧洲文明遗迹

图 3.18　破坏后的传统建筑

（2）认同感。认同感指人经过一个有确定意义的环境，与物质的世界产生有意义的关联，即通过与物质环境的互动与理解获得对世界的认知。对于现代城市居民而言，与纯粹自然环境的互动已成为一种片段的状态，人们只有远行郊游的时候才能真正感受纯粹自然；而更多的是对人工环境的认同。同时，由于居民从小到大在这个场所内产生的一系列行为和活动，人与该场所的关系显得十分紧密，曾经在其中发生的故事和产生的回忆，更能让我们由衷地产生对家的“认同”，如图 3.19、图 3.20 所示。

图 3.19　四川成都宽巷子

图 3.20　四川成都窄巷子

（3）归属感。对于所处环境，人们有着生理和心理上的需求，尤其是充满情感记忆的地方，人们往往更喜欢待在那里，总会有一种莫名的安全感、归属感和认同感。经过历年来社会发展的变迁，老城区是受到人们认同的、具有情感联系的生活空间，它独特的场所精神成为一种纽带，使老城区邻里居民间的生活往来记忆与精神生活得以维系和延续下去。

3.2.1.1　老城区场所精神的特性

（1）历史性。城市老城区中，新老元素共存的现象普遍存在，主要表现在新老建筑的共存，新老生活设施的共存，以及不同年龄阶段居民的共存等方面。元素的老旧是在一定的时间范围内来定义和区分的，当下的老旧元素在历史长河中也曾是新鲜元素，而后加入的新元素在经过若干年的发展之后，也将随着时间的流逝变成老旧遗迹。这样老城区便存在于一个不断新老更替的良性机制中，而场所精神也因为这种机制而得以不断留存和延续。

（2）时代性。老城区是现代城市中十分重要的有机组成部分，在城市生活中有着无可替代的作用。它并非处于封闭的环境中进行着自我的演化，恰恰相反，它无时无刻不在与它所处的城市大环境进行着物质或精神方面的信息交流。这也是老城区场所精神得以保持旺盛生命力的重要途径。正如前文所述，老城区承载着城市发展的印记和城市居民的集体记忆，因而城市在不同历史时期的变化在老城区中都有着相应的体现，如图 3.21 所示。这种与外界信息交流的机制跟它自身的延续性相辅相成，对场所精神的延续和老城区活力的维持起到积极的推动作用，如图 3.22 所示。

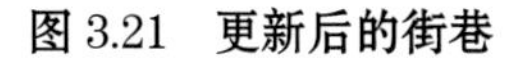

图 3.21 更新后的街巷

图 3.22 厦门老街区

（3）地域性。我国幅员辽阔，经度和纬度跨度极大，不同老城区由于地理分布不同，受各地自然条件的不同影响，场所精神也呈现出丰富而多元的局面。各地不同的城市格局、社会生活风貌、民间风俗、文化艺术构成了完全不同的场所精神。倘若全国老城区风貌都趋于统一，毫无疑问城市的魅力将大打折扣，历史文化遗存也将变得苍白和单一化，也将直接导致旅游吸引力的下降，进而波及城市经济建设的健康发展。正是这些各异的场所精神，成为老城区最具吸引力的部分。

（4）独特性。这里所阐述的独特性是基于前述场所精神的认同感层面的概念，亦即精神层面的独特，不同的人在同一老城区内感受到不同的场所精神。

老城区的格局、居民结构决定了他们的生活和行为模式，这里承载着他们对于生活或艰辛或美好的记忆，每个人都打上了当地场所精神的烙印，对老城区有着强烈的认同感，即对场所精神非物质化层面的感受，如图 3.23 所示；而对于老城区中的行人和游客，老城区对于他们是完全新鲜的符号，他们更容易被老城区内特色化的建筑风格、装饰色彩、街巷格局、社会结构所吸引，更多的是定向感的产生，也即是在场所精神中物质化层面上的感受和理解，如图 3.24 所示。

图 3.23 景观小品

图 3.24 场所记忆

3.2.1.2 老城区场所精神的构成要素

A 物质性要素

（1）自然环境。气温、湿度、降水量、常年风向等气候指标各地不尽相同，这与地形因素共同造就了我国丰富的文化类型和场所的地域性特征。北方干燥少雨气候寒冷，导致北方民居多屋顶平而墙壁厚，可以更好地集热；而南方湿润多雨气候炎热，导致其房屋多为尖顶而覆瓦，建筑结构轻巧而通风，为的是良好地排水和通风。西藏地区阳光强烈，建筑装饰多用饱和度高的鲜亮颜色，为的是阳光下有更好的层次和视觉效果；江南温润多雨之处的建筑色彩却多温和而协调，如徽州民居，如图 3.25、图 3.26 所示。

图 3.25 徽州民居

图 3.26 江南民居

（2）人工要素。人工要素是指在原生自然环境中一切人类活动印迹的总和。人工要素经历了数量和种类从简单到复杂，结构由单一到多样的发展过程，它们是人类文明物质化的结晶。老城区中人工要素主要包括（建）构筑物单体、街巷和空间节点，如图 3.27 所示。

B 非物质性要素

（1）民风民俗要素。人们在固定空间内长久以来的生活行为，产生了当地特有的生活特征和风貌，比如当地特有的地方性语言、文字，并由此产生口头讲授或书面记载的历史故事、神话传说等以及在生活过程中延续下来的生产生活技能，如传统手工业的技艺技法以及相应的手工业制品、民间工艺等；还包括在人们社会交往中形成的特定社会风俗、礼仪和习惯等等，如图 3.28 ~ 图 3.31 所示。

建筑、构筑物单体

老城区中的最基本组成单元，可看做整个空间中的点。

承载着人们的基本生活与起居行为，记录着特定时期内的城市风貌。

街巷

由街巷的纵横交织组成。

广场：欧洲的传统老城区，是居民集会、娱乐等公共交往的空间。国内的历史街区中没有独立存在的广场，大多附属于相应的主导建筑。

交通流线节点：通常由街巷的交叉而来，形式多样。因为相对密集的人流量而成为商业行为的重要空间。

独立景观节点：是相对独立存在的历史性构筑物，使其对人们产生吸引力，促成了人们驻足欣赏、相互交谈的行为发生。

老城区格局：与当时的城市格局保持高度统一性，是城市格局的浓缩和再现，具有很高的历史价值和文化价值。

空间节点

属于老城区关系中的“底”是负空间。

街巷的尺度和走势决定了老城区的基本机理；空间的营造使建筑的布局由点成线，将建筑连成整体，既是交通的主要流线，也是市井生活的重要场所。

图 3.27　老城区中的人工要素

图 3.28　戏台

图 3.29　庙宇

图 3.30　街区艺术表演

图 3.31　传统风俗

（2）宗教文化要素。宗教是人们生产生活中产生的各种信仰，是在科学不发达时期对周围世界产生的朴素解释和对臆造出的宗教对象的自发性、群体性膜拜行为。无论西方东方，历史上宗教行为都是人类行为的重要组成部分。散步各处的教堂、神庙、寺观，充分反映了其对人们生活的深刻影响。宗教信仰和理念影响着人们的世界观，不但体现在宗教活动中，不同的宗教思想更对城市、老城区格局产生不同影响。西方的传统宗教思想使西方城市出现了仪式广场、宗教路径、教堂等具体的符号；同样，中国独有的风水观和“天人合一”的哲学思想使其街巷布局规整有序但又富有诗意而内敛，充满人性化的元素。

（3）价值认同要素。其指一定空间范围内的特定人群对周围环境（包括个体和社会环境）总体上的趋于一致的评判标准。它是人们对世界认识的浓缩，体现在特定老城区内的人在物质和精神方面的态度和追求方向。价值观在一定的场所内有着趋同的共性，是大多数人对世界的共同认识。对于不同时期、不同地域或者不同的人群来说，价值观的差距十分巨大。

3.2.1.3 老城区经济观念要素

城市土地的规划和价值的分配重新进行，成为城市地产开发的根本驱动力。在这种局面下，老城区因为其处于城市中心地段，以及较低的容积率和较高的人口密度（即潜在的消费需求大）,在地产商人的眼中又变得有利可图。于是,大规模的地产开发从此拉开序幕。到目前为止，房地产业已经成为国民经济的支柱产业之一，为经济和社会的发展做出了重要贡献，如图 3.32 所示，土地财政已经成为地方政府的首要经济来源，如图 3.33 所示。

图 3.32 旧区开发

图 3.33 创意改造

面对如此之高的经济效益，许多政府和开发商盲目追求短平快的建设，只顾眼前经济利益，而历史文化保护意识淡薄，对大量历史地段和老城区进行简单粗暴的推倒重建，以现代化的高楼大厦替换了存在已久的原有城市肌理，使城市固有建筑特征和生活风貌在短期内迅速遗失，城市景观格局突变，人居环境质量迅速下降，目前城市自身的区域特征不断消失，形成“千城一面”。

3.2.2 文化观念

3.2.2.1 文化价值

文化的价值并不仅仅孤立地存在于其所在的老城区，它对于与整个老城区有关的所有人物、古迹，甚至衍生至今的庙会习俗都有潜在的联系。如若毁坏一座有价值的历史遗留老城区，亦如同切断了整个城市的历史片段。相反来说，制定合理计划对历史遗留老城区进行有利维护，并适当更新，对于城市的文化、发展与延续都起着积极的作用和影响，如图 3.34 ~ 图 3.37 所示。

图 3.34　旧居加固保护

图 3.35　管线改造

图 3.36　遗址博物馆

图 3.37　老城区风貌

老城区的文化价值体现在两个方面：一方面体现在老城区的有形空间实体上；另一方面,反映了老城区的“非物质文化”。例如,老城区包含各种文化内容,如人们的生活方式、城市商业文化、生活文化和信仰文化。它也反映了人们的风俗习惯和价值观念。“有形文化”与“非物质文化”的结合构成了旧城的文化价值。特别是在当前经济全球化浪潮中，城市的文化区域特征和文化传统不断受到挑战和冲击，老城区的文化价值更加突出。因此，保护旧城是为了保护城市的文化遗产和市民的集体记忆，因此得到越来越多的人的认可和支持，如图 3.38 和图 3.39 所示。

对于现代化高速发展的城市而言，城市中心区与经济发展区的迅猛建设是大家有目共睹的，城市在发展其经济的同时，更应该注重传统文脉的传承，这种传承绝对不通过大面积拆毁历史遗迹后进行模仿性复原而得来的。一个老城区所包含的文化与历史并不仅仅是其所代表的现实物质，更多的是其环境给予该区位的人文风貌与场所精神。这是不能够通过“人为性的创造”而实现的，所以尤为珍贵。而文化的价值并不仅仅孤立地存在于其所在的城区，它对于与整个老城区有关的所有人物、古迹，甚至衍生至今的社会习俗都有潜

图 3.38　书房

图 3.39　传统书法艺术

在的联系。如果有价值的历史遗留老城区被毁坏，那么整个城市的历史片段就被切断了。相反来说，制定合理计划对历史遗留老城区进行有效维护并适当更新，对于城市的文化、发展与延续都起着积极的作用和影响。

3.2.2.2　民族文化观念

不同城市的老城区都可能承载着自己独有的民族文化。我国有 56 个民族，每个民族都有自己的民族特色，除了从饮食习惯、民族服饰、传统方言上不尽相同，不同的民族聚集地也有不同的老城区特色。老城区是各民族千百年文化的物质载体。这些特色往往从道路格局、建筑特色、景观形式上体现出来。

呼和浩特市南北大街是一条穿越老城区（旧城玉泉区、伊斯兰民族文化区）、回族聚居区及新城区三个不同老城区的大街，其联系着大召寺、清真寺、公主府等具有历史文化价值和民族文化特色的建筑群，如图 3.40、图 3.41 所示。

图 3.40　大召寺

图 3.41　公主府

3.2.2.3　历史文化因素

了解一个城市的历史，一般会选择一些最具历史代表意义的城市地区，这些地区的存在，是对城市历史文化的一种沉淀和延续，对其保护性改造的意义远大于推倒重建。老城区就是城市发展历程上厚重浓烈的一笔，是城市发展建设历程的一本厚厚的字史册，保留其中最真实的信息，实现其文化内涵的延续，是对前辈的尊重，对往事的追忆，对后代的教育，是一笔无比宝贵的物质和精神双重财富，如图 3.42、图 3.43 所示。北京是皇城文化的代表，紫禁城的整个建筑体系很壮观，反映了皇城的威严。皇城是一座城市，整个建筑制式都是一个体系。与它相匹配的建筑制式被完全拆除，只剩下一座紫禁城，能反映皇城的文化吗？又可以从什么地方感受其文化积淀的浑厚呢？

图 3.42　北京故宫

图 3.43　颐和园

同样，任何具有活力的文化都是具有正能量的文化。例如，江西景德镇是一座有着千年窑火的陶瓷文化之城，如果没有今天古窑的废墟，没有空房，没有窑砖，那么陶瓷文化也就无从谈起；譬如苏州没有像拙政园这样的古典园林,那么也就没有所谓的“园林文化”。

3.2.2.4　人文文化因素

老城区是人类生活的载体，承载着居住、商业、生活等，是一种具有使用价值的物质财富。与此同时，旧城也反映了城市的历史、思想和社会变迁。通过旧城的建筑风格和文化内涵，人们了解一个历史时期的城市过去，加深对城市的认识，弘扬传统文化，彰显城市的魅力。古城中的古建筑、古老的庭院、古老的城镇建筑、古树和历史遗迹都具有深刻的城市历史文化内涵。它形成了城市中独特的景观，构成了人们的生活结构，是城市文化的物质秩序或物质文化层。老城区的旅游服务功能，如旧城管理系统、旅游公共服务系统和旅游基础设施，它们是城市功能的一部分，如图 3.44 ~ 图 3.47 所示。

图 3.44　古建筑群

图 3.45　古民居院落

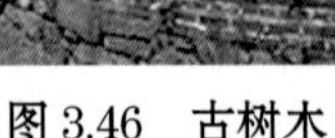

图 3.46 古树木

图 3.47 近现代建筑

老城区居民所形成的生活方式、价值观、人际关系、习俗和习惯是旧城的灵魂。它是城市的重要表现，构成了城市文化生活和行为的层面。旧城的宗教文化、艺术遗产和民族文化是一种“精神文明”秩序，是城市文化中人文价值层面的体现。

3.2.3 经济观念

3.2.3.1 区位优势

老城区往往处于城市中最核心的地段，从历史上看，这些地区承担着不同的历史责任，但人们聚集城市生活的性质并没有改变。它仍然在今天的城市生活中发挥着重要作用。一些古老的城镇基于自己的历史遗产建筑已经发展成为历史悠久的城市。因此，老城区位置优势十分明显。

3.2.3.2 商业职能

作为城市的一部分，老城区不仅延续了传统的文化属性，而且还有更多的商业形式。它的空间形式源于其独特的生活方式，悠久的历史演变过程，并且往往具有自其崛起以来每个历史时期的文化特征。无论居住在这里的居民，还是来自这里的游客，商业区的大小都受到老城区的影响。自发零售业已显示出其力量和灵活性。这些自发的商业系统构成了传统的旧城商业模式，不仅满足了商务需求，也反映了居住在这里的大量居民的生活条件。因此，这种老城区的人口结构和生存方式相对复杂。

3.2.3.3 文化功能

由于老城区的巨大吸引力，商业街具有不可替代的经济优势和充足的土地资源。商业街在承担商业功能的同时，延续了旧城的历史特色和丰富的文化内涵。在唤起人们对传统文化的关注的同时，也激发了他们强烈的认同感和归属感。

老城区的许多商业建筑虽然在功能上难以满足现代商业需求，但仍吸引了许多游客。在业务流程中传播其独特的历史和文化价值。例如，陕西西安秦镇老街的一些历史建筑虽然面积不大，但由于凉皮等知名小吃，在这些历史建筑中变得更具吸引力。通过现代商业使用这些历史建筑增加了老城区的历史兴趣和文化氛围，其价值是现代新建建筑难以代替的。

3.2.4 发展观念

3.2.4.1 发展趋势

近些年来，老城区保护传承规划设计逐渐为人们所重视，城市规划者们试图利用建筑来捕捉情感，将情感因素注入混凝土建筑，用“活的建筑”延续人们的情感，让整座城市在车水马龙的流转中显得温暖而值得依恋，如图 3.48 所示。

“整体设计观”是老城区保护传承的发展趋势之一，老城区的保护传承既包括内部的道路骨架、建筑，还有居民的生活习惯 、人文环境，以及对老城区周边的地段，周边建筑的形式、高度、色彩等方面的控制，都是未来发展中需要注重的细节。

老城区就像一个鲜活的人，有着不同成长环境和不同的成长历程，造就了每一处老城区都有着不同的个性。对于老城区的保护传承，不但要保护其形态，也要传承其文化。

老城区保护传承，要做到以保护为前提的持续利用、文化的传承，既能保护老城区风貌又能适应现代经济发展的需要。

老城区的发展是一个连续不断的更新过程，盲目地大规模修整必然会带来老城区经济的不稳定、风貌的丧失；要小规模循序渐进的保护与更新，保护性有机更新是老城区保护传承的发展趋势。

老城区的保护传承，不是简单的修整老城区环境、风貌恢复，而是要通过修整老城区环境，整修建筑质量等，使更新后的老城区能适应居民生活的需要，能够恢复老城区内的社会生活结构，延续老城区的文化，使其能够融入到现代的社会生活中。

图 3.48 老城区发展趋势

3.2.4.2 商业价值

A 充分发挥自身资源优势

老城区的自身资源优势包括，独特的城市特色、独特的建筑资源、特色的工业资源、特色的城市文化资源。老城区的可利用性优势主要包括特色发展模式、城市创新能力和公共管理质量。老城区的资源禀赋和既定优势是老城区发展的基本条件。因此，旧城的发展必须充分发挥其资源优势。

B 提升老城区辐射功能

城市的中心城区的吸引力和影响力主要体现在聚集和辐射功能上，一般来说，城区的凝聚力和辐射力是成正比的。在区域经济的提升和辐射周边产业方面，主要包括：项目、市场、技术等方面的辐射；资本、产业转移、服务、管理、人才等方面的扩散和文化影响等。提升的途径主要有：贸易服务与带动、经济服务与合作、资本辐射与投资、科技服务与带动、管理与咨询服务、品牌辐射与嫁接、服务辐射与影响、旅游服务与合作项目、信息服务与沟通等，如图 3.49、图 3.50 所示。

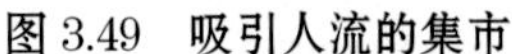
图 3.49 吸引人流的集市

图 3.50 客流服务

C 扩大经济发展腹地

在现代的城市结构中，如果城市的经济腹地没有体现出来，则城市就会失去生存和扩大发展的基础条件。老城区要积极探索创新与周边地区合作发展的有效模式和机制，以推动自身和区域发展，如图 3.51、图 3.52 所示。

图 3.51 广州老城区夜景图

图 3.52 济南旧城改造

3.2.4.3 旅游价值

旅游发展是将旅游功能注入旧城作为旧城的重要功能，这在一定程度上可以缓解保护与发展之间的矛盾，并为老城区的保护提供资金支持，促进老城区记忆空间保护意识的增强。因此，旅游业的发展是保护旧城记忆空间的重要推动力，如图 3.53、图 3.54 所示。

图 3.53 旅游景点（一）

图 3.54 旅游景点（二）

A　功能更新注入

几千年来保存在旧城发展过程中的历史建筑往往具有极高的历史价值、文化价值和艺术价值，但其原有的功能早已从时代中消失。失去实用功能的历史建筑，以现代功能为导向的旅游重建，是赋予历史建筑第二次生命、进一步丰富并最大化其价值的手段之一。

B　持续资金支持

旅游业的发展是将老城区文化价值转化为经济价值的重要途径。旅游业包括经济活动多方面的要素，如食品、住房、旅游、购物、娱乐等，可以创造可持续的经济收入。而且近年来旅游业与文化产业的不断融合，扩大了旅游收入范围，提高了旅游收入能力，如图 3.55～图 3.58 所示。

图 3.55　行

图 3.56　食

图 3.57　住

图 3.58　娱

C　城市旅游的特色展示

老城区由于其独特的建筑特色、环境景观、文化内涵以及历史事件等，对旅游者具有很大的吸引力，成为一种独特的城市旅游资源。老城区旅游作为一种高品质的知识型旅游项目，是城市旅游最具特色的组成部分，最易勾起人们对城市文化意象的遐想，如图 3.59、图 3.60 所示。

老城区旅游业的发展有利于构建城市旅游文化的核心，增强城市旅游的吸引力和影响力。老城区的旅游业实现了历史与旅游的完美结合，受到越来越多人的青睐。同时，老城区旅游丰富了城市文化的内涵，是展示城市文化的载体。

图 3.59　特色建筑

图 3.60　时代精神

3.3　保护传承规划设计价值分析

3.3.1　基本原理与方法

3.3.1.1　基本原理

A　保护性再生原理

保护性再生原理是现有建筑再生设计的主要类型，在历史价值中占主导地位。可以添加新元素，为现有建筑提供现代功能，同时保留历史记忆的象征。

当老城区的历史文化具有重要价值时，它不仅反映了周边环境，它还包含社会、经济和文化信息，以及时间变化片段的再现。对于这种保护性再生，老城区的体验感是主要的而城市功能是次要的。从城市的角度来看，它既是日常生活的一部分，也是当前城市更新过程的记录。

在老城区改造中，保留了主体，旧城的其他功能被重新分配，成为一个精神寄托的地方。通过在砖墙的外部添加彩色金属封闭的玻璃体，新旧元素并列显示旧城的现代性。这使历史和现实相互作用：一是在现实转型中保留历史痕迹，弘扬城市的历史记忆；二是通过增加新元素来影响原有的城市空间结构和居民结构，如图 3.61、图 3.62 所示。

B　改造性再生原理

根据改造后现有老城区的完整性，改造再生的原则可分为部分改造和整体改造。部分改造是一般现有建筑物中常见的再生设计类型，涉及扩建、外墙翻新、建筑设备更新、建筑复杂整合等多方面的内容；从广义上讲，旧城的重新设计和再生利用的目的都可以称为部分改造。

整体改造一般适用于严重破坏的老城区，但城区自身的精神或文脉仍然存在，也可称为现场保护。它可能是街道一角的一家破旧的商店，带有许多常客的记忆和旧事物，缺乏物理特性，但有生活方式和空间风格值得保留。这种对一般建筑物的现场保护是一种完整的保护方法，在重建时，可以根据空间的现有特征进行扩展，添加现代元素，在这个时代呈现一个新故事。

图 3.61 福州老城区改造前的效果

图 3.62 福州老城区改造后的效果

3.3.1.2 分析方法

老城区的保护传承规划设计需要考虑很多方面的因素，涉及很多相关利益主体之间的关系以及规划设计后的效果，因此选择价值工程来对其进行价值分析。

A 价值工程的产生

价值工程（VE），也称为价值分析（VA），是第二次世界大战后开发的一种现代科学管理技术，是一种新的技术经济分析方法。它们是通过项目功能分析节约资源和降低成本的有效方法，并广泛应用于建筑工程领域。

中国也非常重视价值工程的推广和应用，价值工程方法目前正处于经济建设的应用阶段。价值工程更适合大型功能项目，如大型住宅建筑。

B 价值工程的含义

所谓价值，在价值工程中具有特定的含义，可用下面数学公式表达：

$$V=\frac{F}{C}$$

式中，V代表项目或服务的价值（Value）；F代表项目或服务的功能（Function）；C代表项目或服务的成本（Cost）。

因此，保护传承规划设计的价值取决于其功能与获得这种功能的成本之比。低成本和高功能的项目具有很高的价值，反之则价值低。高价值项目是好项目，低价值项目是需要改进或消除的项目。选择价值工程的目的是通过系统地分析每个结果来寻求提高价值的方法，以提高规划和设计的功能，降低项目成本。

因此，对于规划设计者来说，希望设计的质量高而保护成本低，对于消费者来说，考虑的是希望自己去的地方赏心悦目，具有观赏性，而且消费的成本也低。因此，用价值来衡量保护传承规划设计的优劣，对于二者都是适用的。

根据以上的价值定义，则提高保护传承规划设计的价值，可以通过以下途径实现：

（1）提高功能，同时降低成本，则价值提高（$F\uparrow$，$C\downarrow$）；

（2）功能不变，若降低成本，则价值提高（$F\rightarrow$，$C\downarrow$）；

（3）成本不变，若提高功能，则价值提高（$F\uparrow$，$C\rightarrow$）；

（4）功能略有下降，而成本大幅度降低（$F\downarrow$，$C\downarrow\downarrow$）；

（5）成本略有上升，而功能增长幅度很大，则价值提高（$F\uparrow\uparrow$，$C\uparrow$）。

上述第（1）、（2）两种方法属于降低成本；（3）、（5）两种方法属于提高功能；第（1）种是功能及成本同时改善，是最积极的方法。

C 价值工程中的功能与费用

价值工程的目标就是以最低的寿命周期费用来实现项目或作业的必要功能。寿命周期费用是指项目从开发设计、制造、使用到报废为止所发生的一切费用。其中规划设计、制造项目所需要费用称为生产费用，用户在使用项目过程中所支付的费用称为使用费用。

项目的功能提高，其生产成本就会增加，但项目功能得到提高，它的使用成本就会降低。因此，生产成本和使用费用的总和曲线必存在一个极小值，也就是最小值，此点就表示最适宜的功能水平和成本水平。

价值工程的核心是功能分析，价值工程的一个突出观点是"用户需要的是项目的功能，而不是物"。如人们关注的是该场所能带来什么体验，获得什么满足，并不是需要特定的建筑物，而是需要这些场所的功能。因此，在分析项目时，首先需要进行功能分析，并通过功能分析来确定哪些是必要的和不充分的功能，哪些是不必要的功能和多余的功能。然后，通过规划和设计改进方案，去除不必要的功能，减少多余的功能，补充功能不足，实现必要的功能，合理化项目的功能结构，充分发挥规划设计的作用。

3.3.2 基本程序与内容

3.3.2.1 基本程序

在老城区传承保护规划设计过程中运用价值工程，从最开始的规划设计到最终的成果开放，需要把专业的人员组织起来，相互配合协作，以求得最理想的规划设计方案或者达到某一预期的目标。它的一般实施程序如图 3.63 所示。

3.3.2.2 分析内容

A VE 对象的选择

VE 对象的选择是与价值工程是否有效相关的第一步。如果 VE 对象选择不当，可导致入不敷出。所以，必须正确选择 VE 对象，常用方法有如下三种。

a ABC 分析法

ABC 分析法的实质就是选择项目中成本比重大的部分作为 VE 对象。一个项目通常由若干个分项工程组成，由于每个分项工程负担的功能不同，成本的分配也很不均匀，其中少数重要分项工程的成本占了项目总成本的绝大部分。根据统计，对于老城区保护传承规划设计来说，主要部分占全部数目的 10%~20%，该部分成本占总成本的 60%~80%，这类分项工程称为 A 类；还有 60%~80% 的分项工程，其成本还占不到总成本的 10%~20%，称其为 C 类；其余部分项目，其数目和成本所占比重都较低，称 B 类。A 类占成本比重大，数目少，容易收到效果，所以是 VE 重点对象，C 类数目多，成本比重小，即使进行 VE 活动，

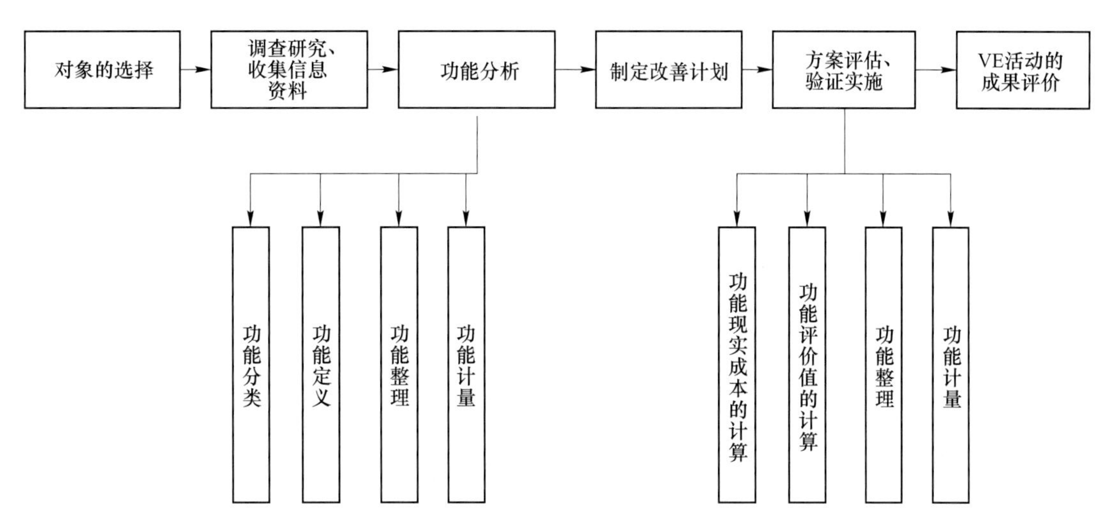

图 3.63　价值工程实施程序图

可降低成本幅度也有限，而工作量却很大，有可能得不偿失，所以，C 类不作为 VE 对象。B 类仅作为一般分析对象。ABC 分析法的步骤如下：

（1）按成本大小将分项工程顺序排列。

（2）计算累计分项工程比率。

$$累计分项工程比率 = \frac{累计分项工程数}{分项工程总数} \times 100\%$$

（3）计算累计成本比率。

$$累计成本比率 = \frac{累计成本}{总成本} \times 100\%$$

（4）确定 VE 对象。选择累计分项工程比率在 10%~ 20%，累计成本比率在 60%~ 80% 的分项工程为 VE 重点对象。

b　01 评分法

01 评分法是同时考虑分项工程成本和分项工程功能两方面的影响，选择 VE 对象的方法。其计算步骤如下：

（1）求功能系数。首先将分项工程排列起来，各分项工程轮番比较，即每项分项工程分别与其他分项工程比较，重要的得 1 分，次要的得 0 分，然后把各分项工程得分加起来，得出分项工程得分；再除以总得分，得出分项工程功能系数。计算得分时应注意：分项工程自己相比时不得分，且不能认为两个分项工程都重要各得 1 分，也不能认为两个分项工程都不重要各给 0 分。

$$功能系数 = \frac{分项工程得分}{总得分}$$

（2）求成本系数。

$$成本系数 = \frac{分项工程成本}{总成本}$$

（3）求价值系数。

$$价值系数 = \frac{功能系数}{成本系数}$$

c 经验分析法

经验分析方法是一种对象选择的定性分析方法。实际上，这是一种利用具有丰富实践经验的专业人员和管理者直接对存在的问题进行直观感受，通过主观判断确定价值工程对象的方法。使用这种方法进行对象选择，有必要综合分析各种影响因素，区分主要因素和次要因素，并考虑确保对象合理性的需要和可能性。所以，该方法也叫做因素分析法。

经验分析法的优点是，考虑到综合问题，实施简单易行；缺点是缺乏定量分析，当分析师没有经验时，很容易影响结果的准确性，但对于初选阶段是可行的。

使用此方法选择对象时，可以在设计，施工，制造，销售和成本方面对其进行全面分析。项目的功能和成本都由许多因素组成，找出关键因素，抓重点。

B 信息资料的收集

在价值工程中，信息是指对实现 VE 目标有用的知识，情境和材料。VE 的目标是增加价值并做出决策以实现或实现这一目标。需要或有益的信息越多，增加价值的可能性就越大，但错误的信息可能导致错误的决策。因此，VE 结果的大小取决于信息收集的质量，数量和时间。

a 收集信息的原则

（1）目的性。收集的信息是用于实现 VE 具体目标的，不要什么信息都收集，要避免无的放矢。

（2）可靠性。信息是正确决策所必不可少的依据。如果信息不可靠且不准确，将严重影响 VE 的预测结果，最终可能导致 VE 失败。

（3）计划性。在收集信息之前，应事先制定计划，以加强工作的规划，使工作有明确的目的和一定的范围，以提高工作效率。

（4）时间性。收集信息时收集新的和最近更新的情况。

b 信息收集的内容

（1）人员要求方面的信息。项目保护传承的目的、环境、条件，消费者所要求的功能和性能，用户对项目外观的要求。

（2）成本方面的信息。包括规划设计的成本、保护过程中的定额成本、工时定额、材料消耗定新、各种费用定颗、企业历年来各种有关的成本费用数据，国内外其他厂家与 VE 对象有关的成本费用资料。

（3）科学技术方面信息。与项目保护相关的学术研究或科研成果，新结构，新工艺，新材料，新技术和标准化方面的信息。

（4）保护相关要求的信息、原材料及外协或外购件种类、质量、数量、价格、材料利用率等情报，供应与协作部门的布局、技术水平、价值、成本、利润等。

（5）政策、法令、条例、规定方面的信息。

C 功能分析

价值工程的核心工作是功能分析，有功能定义、功能分类、功能整理和功能评价四部分。

a　功能定义

功能定义是以简洁准确的语言表达功能的基本内容。

功能定义在实践中常用一个动词和一个名词的简单语句来完成。如隔墙的功能是分隔空间，地板的功能是承受荷载。

b　功能分类

为了便于分析功能，需对功能进行分类，一般有如下几种：

（1）根据功能的重要性程度，有基本功能和辅助功能。辅助功能是有助于实现基本功能的功能。如负载是承重外墙的基本功能，则保温、隔热和隔声是承重外墙的辅助功能。

（2）根据功能满足要求的性质来划分，分为使用功能和美学功能。使用功能是在项目使用上直接必需的功能，通过项目的基本功能和辅助功能表现出来。如承重外墙的使用功能就是承受荷载、隔热、隔声、保温等。美学功能是指项目所具有的以视觉美观为代表的功能。如建筑物上面的图案浮雕，就是为了使建筑物美观大方而增加的部分，其功能就是美学功能。

（3）根据功能整理的要求分类，有上位功能和下位功能。上位功能是指作为目的的功能，下位功能是指作为手段的功能。例如，为了实现通风目的，必须使室内有穿堂风，则通风是上位功能，而组织穿堂风是下位功能。上位功能和下位功能的划分是相对的。例如，为组织穿堂风，必须提供进、出风口（如设置门窗），设置进、出风口是手段，属下位功能，而组织穿堂风又是目的，则属上位功能。也就是说，对于某个特定功能来讲，从它所实现的目的来看，是上位功能；从实现它的手段来看，又是下位功能。

c　功能整理

通过功能整理，找出基本功能和辅助功能，明确必要功能和不必要功能以及功能之间的因果关系，以便在实现功能过程中选择更合理的方案。功能整理的方法为功能系数图法。其实施步骤为：

（1）明确基本功能。

（2）明确功能之间的关系。

（3）绘制功能系统图。将上位功能摆在左边，下位功能摆在右边，最上位功能摆在最左边。并列关系功能并排排列。通过目的和手段的关系把功能之间关系进行系统化划分，绘制功能系统图。其一般形式如图 3.64 所示。

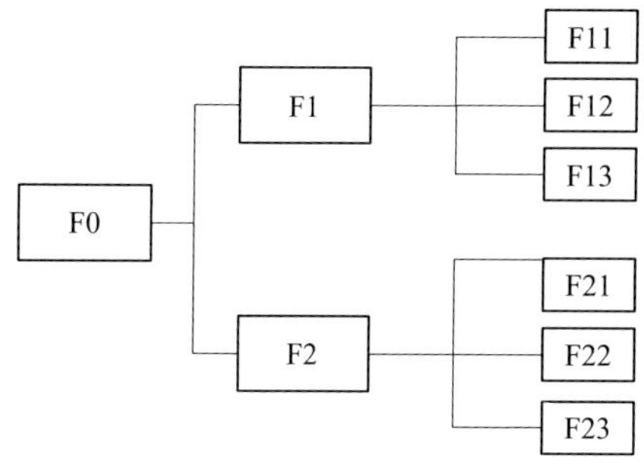

图 3.64　功能系统图

D　功能评价

在通过功能分析和整理确定必要的功能之后，价值工程的下一步是功能评价。功能评价，即对功能的价值进行评定，是指将实现功能的最小成本作为功能的目标成本。基于功能目标成本，通过与功能的实际成本进行比较，获得两者的比率（功能价值）和两者之间的差异（改善期望值）。然后选择具有低功能价值和改进期望值高者作为价值工程分析的重点对象。功能评价工作可以更准确、快速地选择价值工程的研究对象。

功能评价的程序如图 3.65 所示。

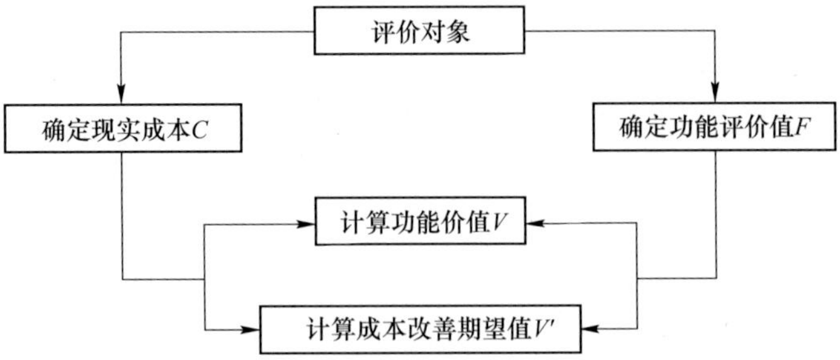

图 3.65 功能评价的程序

E 制定改善方案

（1）BS 法。BS（Brain Storm）法就是通过会议形式，针对一个问题，无拘无束地提出改进方案的方法。

根据所要解决的问题，召集 10 名左右专家，前来开会讨论。选择 10 名左右，是考虑发言机会和代表性而确定的。会议开始时，首先由会议主持人提出四条会议原则：不相互开展批评；欢迎自由奔放的联想；希望结合别人意见提出设想；提出方案越多越好。然后提出所要解决的问题；最后，会议参加者围绕要解决问题展开讨论，提出改进方案。

（2）哥顿法。哥顿（Gordom）法是通过会议形式,先讨论抽象问题后再讨论具体问题，提出改进方案的方法。

根据所要解决的问题，召集 10 名左右的专家前来开会。在会议开始的时候，向专家提出一个抽象化问题，然后大家展开讨论。当讨论到一定程度后，再提出具体问题。这样利于拓展思路，打破条条框框的限制。

（3）专家函询法。此方法不采取会议形式，是由主管人员或部门将现有方案以信函的方式传递给相关专业人员，征求他们的意见，然后总结评论，统计和整理，完成之后再重复发给专业人员，希望再次进行修改、补充、完善。如此重复数次，将原来分散的专家意见集中到一起，形成一致的讨论方案，作为新的方案代替原有方案。

（4）专挑毛病法。专挑毛病法就是组织有关人员对原方案专挑毛病，然后分类整理，最后提出改进方案的方法。

（5）列举法。列举法就是先针对两个不同问题提出几个解决方案，然后把这些方案分别组合归纳，形成改进方案的方法。

F 方案评估

方案评估可分为两种类型：粗略评估和详细评估。粗略评估是对该方案的初步筛选，首先排除价值显著较低的方案并保留一些具有较高价值的方案，以减少用于评估的人力和时间。详细评估是对粗略评估后保留的方案，通过进一步调查和技术经济分析从中选择最佳解决方案。无论是粗略评估还是详细评估，它都包括三个部分：技术评估、经济评估和社会评估。技术评估是基于“功能”的评估，主要是评估方案是否能够满足功能要求，以及技术完整性和可能性。经济评估是基于经济效应的评估，主要是评估是否有可能降低成本以及是否可以实现目标成本。社会评估是对新项目给社会带来的利益和影响的估计，包括该项目是否符合国家制定的各种政策、法律和标准，计划实施后对环境的影响、对其他社会事业的影响等，基于三个方面的评估，再对方案做出综合评估。综合评估有两种通用方法。

（1）优缺点对比法。将每个方案的优缺点逐一列出，对比择优。这种方案简单易行，但缺乏定量依据，不同指标之间可能存在矛盾。

（2）定量评分法。首先制定评估指标，并将每个评估指标分为几个等级，对每个等级规定的评分指标按照同样的评分标准打分。最后，将分数相加或相乘以获得总分。总分最高者为最优方案。

3.3.3 基本原则与模型应用

3.3.3.1 基本原则

A 全面保护

虽然老城区不同于各级文物建筑，不必要也不可能实施“不改变现状”的全盘保护，但这不影响“全面保护”原则贯彻实施，对老城区全面保护原则中的全面理解如下：

（1）内容和保护对象的全面性。其主要体现在老城区各级文物或优秀建筑。历史遗迹保留了老城区完整的物理环境和老城区完整的物质环境。历史背景完整地继承了老城区文化传统的当地艺术。

（2）保护理念和策略的全面性。历史街区保护在经济、社会、文化、环境等多方面的具有非凡的意义和价值，因而也需要运用全面的策略和手段去实施。其中，社会、文化、环境等方面的意义和价值不难理解，但这并不是说历史街区保护只具有社会、文化、环境等方面的意义和价值，其经济方面的潜在意义同样也很重要。全面的保护理念承认市场经济条件下“投入与产出”“成本与效益”的经济法则对历史街区保护成功与否的重要性，但对其经济意义和价值的追求，应更多地着眼于由保护衍生的整体经济效益，着眼于由保护产生的积极的外部效应。例如，由于历史街区保护而产生的环境改善、品位提升、知名度提高等连锁效应，都会带来吸引投资、促进旅游业的繁荣、聚集人气、提升土地价格等方面的经济效益。在这方面，上海新天地、苏州水乡同里和周庄镇等成功经验值得研究。

老城区的整体设计是城市历史中心保护和发展的一个新的独特分支，促进了历史建筑的保护和恢复。在市场化经济运行中形成良性循环，形成邻里的环境特征，促使老城区焕发生机。在20世纪的欧美国家，一个街区和几个街区的整体设计成为城市规划和建筑的热门话题。整体设计为城市更新和历史建筑保护做出了卓越贡献。

B 真实保护

（1）历史真实性标准。老城区拥有丰富的历史信息，应包含一定数量和比例的真实物理实体，它们是老城区整体氛围的主导因素。历史文物的丰富性、完整的历史环境和风貌、历史信息的原真性是老城区的基本特征。失去载有历史信息的真实载体，就失去了老城区保护的意义和价值。因此，在老城区拥有一定数量和比例的真实历史遗迹是非常重要的。

（2）社会生活真实性。它是老城区真实性保护的前提和基本内容之一，必须得到充分尊重。与一般文物建筑等静态遗产不同，动态社会生活是老城区生存和发展的必要条件，是老城区物质表达的决定性因素。

（3）除了物质元素和环境，社会生活及其文化意义也是老城区的价值。老城区的整体真实性是其表现形式和文化意义的内在统一。判断生活真实性标准有两个标准：一是原有居民的保有率，这个标准是可以量化的；二是保留原有的生活方式，即老城区应该是城市或地区传统文化和生活方式保护最完整、最具特色的区域。其原有的传统生活方式和保存度应该是该地区最高的，这是一个定性指标。

C 完善功能的保护

随着城市化促进社会生活方式和条件的变化，不断改变老城区的使用功能。老城区生活环境的不断改善和社区生活质量的不断提高，已成为老城区生存和发展的关键。这是保护老城区的战略任务和老城区的基本保护原则。

然而，现代生活方式与功能的运用和老城区的传统物质形式之间存在明显的矛盾。一方面，老城区的建筑物大多由木结构组成，经过多年的风雨侵蚀，不断老化，可用的价值大大降低，而全面维护不仅难以完全满足现代生活的需要，而且技术和经济上困难大，成本高，缺乏全面实施的可行性；另一方面，老城区的各种市政基础设施难以适应城市化的需要，物质遗存的传统形式和规模、老城区的内外空间的充分保护，这将给系统建设和功能的全面改善带来很大的困难，往往与城市化的要求相悖。

因此，老城区必须突破传统的"封闭"和"纪念碑"保护模式，真正落实完善功能的原则，进入物质形态的保护。在实践中，应以实现街区功能改善、人们生活质量提高、周边环境优化为目标，积极谨慎地探索适合历史街区保护的新政策、新方法。对新的发展和保护问题有可预见的针对性解决方案，形成中国特色老城区保护体系和理论，促进老城区良性循环。例如，北京菊儿胡同的改造、苏州山塘古镇的保护等都进行了积极的创新和探索，实现了功能与物质形态保护的和谐统一。

3.3.3.2 模型应用

A 在老城区保护传承规划设计方案优选中的应用

在设计阶段实施价值工程的步骤一般为：

（1）功能分析。分析研究对象具有哪些功能，各项功能之间具有什么关系。

（2）功能评价。功能评价主要是比较每个功能的重要性，使用0–1评分法，0–4评分法，环比评分法等，计算各项功能的功能评价系数，作为该功能的重要度权数。

（3）方案创新。基于功能分析的结果，提出了用于实现各种功能的方案。

（4）方案评价。对上一项提出的各种方案的各项功能的满意程度进行打分，然后以功能评价系数作为权数计算各方案的功能评价得分，最后计算每个方案的价值系数，以系数最大者为最优。

B 在设计阶段工程造价控制中的应用

（1）对象选择。在规划设计阶段应用价值工程控制工程造价，应以对影响工程造价较大的项目作为价值工程的研究对象。因此，将设计方案的成本进行分解，将成本比重大、品种数量少的项目作为实施价值工程的重点。

（2）功能分析。分析研究对象具有哪些功能并确定功能之间的关系。

（3）功能评价。对各项功能进行评价，然后确定功能评价系数，并通过对功能的现实成本进行计算，从而确定每一项功能的价值系数。对价值系数小于1的，应该在功能水平不变的条件下降低成本，或在成本不变的条件下，提高功能水平；价值系数大于1的，如果是重要的功能则应提高成本以保证重要功能的实现。如果该项功能不重要，可以不做改变。

（4）分配目标成本。根据限额设计的要求，确定研究对象的目标成本，并以功能评价系数为基础，将目标成本分摊到各项功能且与各项功能的现实成本进行对比，确定成本改进期望值，成本改进期望值大的，应重点改进。

（5）方案创新及评价。根据价值分析结果和目标成本分配结果，提出各种方案来比选，使设计方案更加合理。

4 老城区保护传承再生重构设计

4.1 保护传承再生重构设计基础

老城区的再生重构设计是在保护老城区内建筑及其内在真实历史环境、延续城市历史的基础上，对老城区中的传统建（构）筑物、道路、景观等重要历史信息的载体进行保护。通过对其采取合理开发以达到永续利用的目的，因此对老城区的开发和利用要注重保护与传承，对有损老城区历史风貌价值的行为进行制止，科学合理地处理老城区的保护与现代化开发之间的关系，从而真正提升老城区的核心价值。

4.1.1 再生重构模式的原则

4.1.1.1 延续建筑本体的保护原则

老旧建筑是不可复制且不可再生的一种历史资源，在历史的长河中积淀了丰富的文化与人文信息，所以保护老旧建筑自身就是保护文化遗产的重要措施之一。构成老城区的主要物质元素是建筑及其外部空间，建筑本体与老城区属于个体与整体、局部与全部的关系。鉴于建筑所承载的历史文化要素与人文信息，在重构老城区时应避免因“危旧房改造”、“旧城改造”以及“基本建设工程施工”等原因对建筑本体造成损毁、损坏，拒绝保护性破坏。如图 4.1、图 4.2 所示，北京杨梅竹斜街 72 号“内盒院”与大栅栏茶儿胡同 8 号“微杂院”是目前典型的对老旧建筑本体保护的案例。通过保留建筑本体结构、利用新材料在建筑内部打造嵌套空间以及植入图书馆和微型艺术馆的功能，使老北京城内的胡同与四合院做到了有机更新，如图 4.3、图 4.4 所示。

图 4.1 北京内盒院（一）

图 4.2 北京内盒院（二）

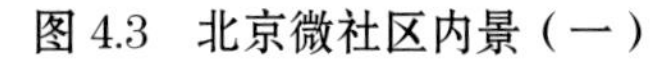

图 4.3　北京微社区内景（一）

图 4.4　北京微社区内景（二）

4.1.1.2　延续城区整体性保护原则

老城区历史环境的留存可以将建筑自身的历史价值与人们的现代化社会生活相融合，这对城市的发展和规范城市居民的行为都起着潜移默化的作用。保护老城区不仅是延续建筑价值的需要，而且是保护城市个性的需求。以建筑学的角度来看，建（构）筑物的不同布局，界定了街道的不同走向，继而营造出不同的城市肌理，所以整体性保护，在保护了老城区本体的同时，也保存了城市肌理。例如我国目前保留最为完整且极具价值的老城区之一——福州三坊七巷，如图 4.5 所示。

图 4.5　福州三坊七巷街区景色

（a）街区外景（一）；（b）街区外景（二）；（c）街区外景（三）；
（d）街区内景（一）；（e）街区内景（二）；（f）街区内景（三）

4.1.1.3　延续城市历史文化原则

城市历史文化是在城市漫长发展过程中的一种精神所在，是其独有的一部分，是人们产生对城市认同感和归属感的基础，人居环境的好与坏，往往是与城市文化的品味和特色密切相关的，越是高雅、深厚的城市文化，就越被视为一种理想的居住环境。城市文化的多样性依赖于城市的历史文脉，所以城市文化的断层与缺失势必会造成城市特色的丢失，进而与其他城市形象趋同，造成千城一面的结局。所以人文主义理论下的城市街区建筑功能重构必然是以延续城市历史文化为原则的。事实上，任何视角下的城市更新、城市历史文化的延续，都是其改造、重构的基本原则。宁波外滩犹如一部活化的近现代史，其典型的风貌特色体现着它的历史文化价值，反映着城市历史发展的文化，如图 4.6 所示。

(a)

(b)

(c)

(d)

图 4.6　浙江宁波外滩景色

(a) 外滩入口；(b) 外滩街景；(c) 外滩商店；(d) 外滩景点

4.1.1.4　贴近历史真实性原则

每个城市都有其自身的特色，由老城区的文化风貌构成，而老城区的文化风貌正是城市发展脉络的浓缩与沉淀，由此，在城市打造风貌性特色时应当努力挖掘街区历史的文化脉络，无论是具体的建筑风格演变，还是抽象的产业发展，都应尽可能还原当时的情与景，展现地区特殊的历史文化积累过程。如我国台湾台南的“林百货”的重构利用，延续了建立之初的商业百货性质，以新的文创产业重构了建筑功能，真实还原了建筑的历史用途，如图 4.7、图 4.8 所示。

图 4.7 台湾林百货商店外景

图 4.8 台湾林百货商店内景

4.1.2 再生重构模式的要素

4.1.2.1 政策法规

目前，我国已经颁布实施的《中华人民共和国节约能源法》《中华人民共和国防震减灾法》等法律法规都对既有建筑的改造做出了明文规定，这些法律法规的发布与实施不仅对既有建筑改造起着重要的推动作用，还为既有建筑的保护与再利用提供了法律层面上的帮助，但是，相关政策的出台，并不一定能实际推动城市或者街区进一步对既有建筑节能改造的需求。从相关的政策法规的出台来看，很多地方政府已经意识到老城区保护传承再利用具有十分重要的现实意义，同时针对相应政策瓶颈，开始了积极的探索。本书汇总了近年来各地方政府制定的所有与老城区保护再利用相关的政策法规，如表 4.1 所示，列举了部分城市的相关法规政策。

表 4.1 我国老城区保护再利用相关的政策法规

城市	政策、法规名称	发文单位	时间
北京	《北京市保护利用工业资源，发展文化创意产业指导意见》	北京市工业促进局 北京市规划委员会 北京市文物局	2007 年 9 月
上海	《上海市历史文化风貌区和优秀历史建筑保护条例》 《关于加强建筑物变更使用性质规划管理的若干意见》（试行） 《关于推进上海市生产性服务业功能区建设的指导意见》	上海市人大常委会 上海市城市规划管理局 上海市经济委员会	2003 年 1 月 2005 年 12 月 2008 年 10 月
广州	《广州市旧城镇更新实施办法》	广州市人民政府	2015 年 12 月
深圳	《深圳市人民政府关于深入推进城市更新工作的意见》	深圳市人民政府	2014 年 5 月

续表 4.1

城市	政策、法规名称	发文单位	时间
惠州	关于修改《惠州市区建筑物改变使用功能的若干规定》的通知	惠州市人民政府	2002 年 12 月
江门	《江门市区建筑物改变使用功能规划管理规定》 《江门市区房屋改变用途补交土地出让金的规定》	江门市规划局 江门市人民政府	2003 年 9 月 2006 年 6 月
杭州	杭州市现有建筑物临时改变使用功能规划管理规定（试行） 《杭州市工业遗产建筑规划管理规定》（试行）	杭州市规划局 杭州市人民政府	2008 年 8 月 2012 年 12 月
厦门	《厦门市建筑物使用功能和土地用途变更审批管理暂行办法》	厦门人民政府办公厅	2005 年 10 月

4.1.2.2 社会基础

在构建和谐社会的大前提下，任何地区的工程项目建设如果与当地居民的意愿背道而驰，不仅会造成不良的社会影响，也必然会导致投资方预想的经济收益无法实现，相反，如果工程项目建设的社会反响很好，也必然会使投资方经济收益有所增加，因此，社会效益与经济效益是成正比例关系。

（1）社会文化对老城区保护传承再生重构设计的影响。城市上层建筑范畴包括了城市社会文化，而城市社会文化是城市群体思想意识及其作用下的社会反映，对城市机器运转起主导作用的就是城市社会文化。在改造中应体现人的存在和价值，创造性地重现和反映历史信息和文化情感的场所记忆。将这些老城区保护和再利用，作为“城市发展的见证”传承给后人，将带有时代记忆的老城区通过历史文化性塑造，改造成文化建筑是最好的展现方式。

（2）社会经济因素对老城区保护传承再生重构设计的影响。城市经济结构并不局限于城市生产方面，还包括城市物质、经济内涵在内，主要反映在城市土地、空间物质形态方面。历史老城区保护传承再生利用项目同样也受社会经济条件的制约，老城区保护再利用功能转型后可引入项目的收益大小也会直接影响各方的经济效益。

（3）技术条件对老城区保护传承再生重构设计的影响。技术的进步可以促使人类改变关于城市建设的传统概念，技术不断地向前发展也极大地推动着一些政策的改变，但我们不得不面对的问题是伴随技术发展和政策改变而导致的城市原有历史的失忆、环境的污染、能源和资源的空前消耗。将废弃的老城区及基础设施进行资源的重新整合利用，一方面避免了原址的彻底拆毁重建造成的资源消耗和浪费；另一方面，由于是在原建筑基础上进行改造，因而产生的建筑垃圾少，对环境的污染度低。

4.1.2.3 历史文化

没有历史的城市是没有吸引力的。作为历史的最好承载者和见证者，这些历史老城区中遗留下来的建筑（群）和场所精神是一座城市发展历程的代表，是城市居民印象中的重要内容。它们在城市发展的道路上发挥了不可替代的作用,是社会记忆中不可缺少的一环，是历史遗产的范畴。图 4.9、图 4.10 所示为江苏无锡民族工商业博物馆（原茂新面粉厂）。

图 4.9 江苏无锡民族工商业博物馆外景

图 4.10 江苏无锡民族工商业博物馆内景

（1）历史文化发展与传承角度。在城市发展史中，老城区作为城市的一部分，对促进城市发展占有功不可没的历史地位，是组成城市的重要部分。对老城区保护传承与再生利用，从根本上说，就是对其原有的使用功能进行重构和转换，是在原有历史建筑的结构特征和文化品质的基础上所进行的再生设计和建设，获取老城区特有的价值，对其加以利用并转化为未来的新活力。

（2）维护文化多样性与文化特色角度。老城区的保护与传承同时也是城市文化多样性的维护与城市文化特色的保护发展，老城区传承发展既有利于对原有历史时期文化风格的还原，也有利于城市文化的优化与传承。抓住文化发展的特点对老城区进行重构设计，可以最大化对原有建筑历史风貌进行保护传承，同时也实现了对老城区的再生利用，使其既能满足现代社会生活需要又不丢失原有城市文化风格，最大程度维护了城市文化的多样性及其文化特色，实现了老城区保护传承与发展。

4.1.2.4 物质条件

在老城区周边整体环境中进行规划与设计的主客观实体要素内容，总体来说包括三大类，即老城区本体、老城区周边环境中的物质要素与非物质要素以及环境的影响要素。

老城区本体及其自身的物质与非物质构成内容，是在整个的再生重构中占据绝对主导和控制地位的，这些物质与非物质元素对于周边建筑有视觉和主客观的影响，是环境改造和再生设计中原型要素的重要来源，也是对于环境空间未来的变化起着限制作用的主要因素。而老城区周边环境的物质要素和非物质要素，是保护传承与再生重构设计中规划师和建筑师等专业人员可以着重进行改造或者利用来进行设计的对象。其中，物质要素主要包括自然环境要素、人工环境要素两类。非物质要素主要是指民间传说、历史事件、传统风俗、传统技艺以及社会环境要素等内容。

因此，在老城区保护传承具体的规划设计中，应当对遗产环境当中的各种物质要素与非物质要素进行全面综合的分析研究，并落实到实体的建构筑物、街道环境、开放空间、景观小品等方面，通过实体要素反映老城区所包含的历史文化内涵和地域文化内涵，从而以人们可以直接视觉感受的方式营造出历史文化与周边环境的和谐统一，并具有深厚历史文化底蕴的整体空间环境。

4.1.3 再生重构模式的分类

4.1.3.1 单一再生重构模式

（1）商业场所。老城区经过改造和空间划分，能够适应多种商业空间，其自身的历史底蕴和工业美感使改造后的商业空间更具特色。随着城市的发展，一些城市的老城区所处地段可能会逐渐发展成为城市的中心地带，这对其重构本身就带来了不小的挑战，这对设计师和开发商都带来了一个共性的问题——其再生重构后新植入的功能是否可以与周围的环境相融合。目前，综合建筑自身条件将其重构为商业空间及步行街，如商场、批发市场、制造厂、餐厅、酒店是比较常见的重构模式。国内比较成功的案例有成都西村大院、南昌市壹 9 二七，如图 4.11、图 4.12 所示。

图 4.11 四川成都西村大院

图 4.12 江西南昌壹 9 二七

（2）办公场所。将老城区空间进行分隔改造形成工作空间；以大空间、多人共同的工作方式取代单一小隔间单人工作方式，顺应办公方式转变。许多艺术家将办公室搬进经改造过的老城区，通过自身敏锐的艺术眼光和设计手法为原有的老旧建筑注入了新的活力，并且通过再生设计后的老旧建筑摇身一变成为具有现代艺术气息且使用功能改变的办公空间，同普通办公场所相比，有很高的艺术价值和品位，同时建筑本身还有较好的文化价值。例如德国 BwLIVE 办公室、南昌 8090 梦工厂，如图 4.13、图 4.14 所示。

（3）场馆类建筑。场馆类建筑是指包括观演建筑、体育建筑、展览建筑等空间开敞的公共建筑；以建筑结构大空间及历史感为基础，实现馆内功能灵活划分，满足不同展览要求。旧工业建筑开敞的大空间、高举架和良好的采光通风等特质具备先天的再生重构优势，也正是因为工业建筑的诸多优点，许多旧工业建筑被再生设计为展览馆、博物馆、纪念馆、画廊等。如晋中市平遥国际摄影博物馆、青岛市啤酒博物馆，如图 4.15、图 4.16 所示。

（4）居住类建筑。将建筑空间开阔的老建筑改造为多层小空间组合，如住宅式公寓、酒店式公寓、城市廉租房等，提升土地利用率。旧工业建筑已有被再生规划为公寓住宅的案例，其利用工业建筑大空间的特点，再运用模数化手段将要改造成的居住空间分为一个个的单元，这种设计具有空间简洁和结构设备经济、面积小、开间小等优点。通过这种将

图 4.13 德国 BwLIVE 办公室

图 4.14 江西南昌 8090 梦工厂

图 4.15 山西晋中市平遥国际摄影博物馆

图 4.16 山东青岛市啤酒博物馆

旧工业建筑再生规划为居住类建筑，较之新建的住宅建筑可以节省较大的建设成本。例如荷兰 Deventer 旧工业区住宅、深圳市艺象 iDTown 国际艺术区，如图 4.17、图 4.18 所示。

图 4.17 荷兰 Deventer 旧工业区住宅

图 4.18 广东深圳市艺象 iDTown 国际艺术区

（5）遗址景观公园。将具备历史文化价值老城区的建筑、设备等的保护修复与景观设计相结合，对老城区重新整合形成的公共绿地；以废弃地生态恢复为基础，构建公园绿地场所，延续场地文脉，将人类活动重新引入。例如德国鲁尔工业区、中山市岐江公园，如图 4.19、图 4.20 所示。

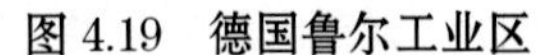

图 4.19 德国鲁尔工业区

图 4.20 广东中山岐江公园

4.1.3.2 组合再生重构模式

不同于单一模式类型再生功能明确，单个建筑进行再生利用的单一模式较多，对于较大区域的老城区建筑群来说，再生过程中要考虑的因素更多，再生利用范围更大，再生功能也更多，因此再生利用组合模式类型主要包括创意产业园和特色小镇。

（1）创意产业园。以文化、创意、设计、研发支持等业态为主的产业园区；以老城区历史文化和艺术表现为基础，延续城市建筑多样性，维持城市活力，连带创意产业共同发展。例如沈阳市 1905 文化创意园、南昌市太酷云介时尚产业园，如图 4.21、图 4.22 所示。

（2）特色小镇。集合工业企业、研发中心、民宿、超市、主题公园等多种业态，功能完备、设施齐全的综合区域；依据遗留特色建筑，以旅游休闲为导向，集商业、旅游、文化休闲、交通换乘等功能于一体。例如杭州市艺创小镇、芜湖市殷港艺创小镇，如图 4.23、图 4.24 所示。

图 4.21 辽宁沈阳 1905 文化创意园

图 4.22 江西南昌太酷云介时尚产业园

图 4.23 浙江杭州艺创小镇

图 4.24 安徽芜湖殷港艺创小镇

4.2　老街区的再生重构设计

老街区是城市极具历史内涵和文化价值的重要区域，是城市向前发展中的文化留存，记载着城市历史变迁的过程和悠久的历史，但是随着城市化的进程越来越快，加上人们对历史街区保护的重视程度不够，越来越多的历史街区在现代文明的冲击下遭到破坏，随之而来的就是城市地域特色和文化传统的丢失。在此背景下，老街区的保护再生形势不容乐观，对老街区的再生重构设计应刻不容缓。如何延续老街区的文脉，正确处理好恢复或增强老街区的历史记忆与现代化冲突的问题，使双方有机融合、和谐统一，最终使老街区重新恢复活力，成为目前亟待解决的问题。

4.2.1　老街区再生重构的内涵

4.2.1.1　老街区的组成

在城市中，街区通常是指被道路所包围的区域，是组成城市结构的基本单位，也是城市规划及城市设计中的一个重要因素。城市街区是一种物质实体，既是区域也是道路。

老街区，是指具有相对久远历史的街区，“老”是相对于“新街区”而言的，如图 4.25、图 4.26 所示。老街区在历史老城区保护传承规划设计中具有极其重要的地位和研究价值。老街区是人们生活中不可替代的重要场所，它不仅扮演着城市现状的一部分，也是城市建设发展史上的真实写照，但同样也是城市中各类问题集中出现的地区。道路狭窄、设施陈旧、人口密度高、物质条件差等共性问题是我国大大小小的城市中的老街区普遍存在的问题，如图 4.27、图 4.28 所示，这对缓解建设压力，解决城市发展危机，为城市带来新鲜面貌来说，是一个不小的挑战。

图 4.25　云南昆明老街区街景

图 4.26　江苏南京老街区街景

图 4.27　道路狭窄的老街区

图 4.28　人口密度高的老街区

4.2.1.2 老街区的类型划分

A 历史城区

人们一般通称的古城区和旧城区，是能体现其历史发展过程或某一发展时期风貌的地区，而在《历史文化名城保护规划规范》中给了历史老城区一个明确的定义，即是历史范围清楚、格局和风貌保存较为完整的需要保护控制的地区，如图 4.29 所示。

（a）

（b）

图 4.29 澳门历史城区

（a）澳门大三巴牌坊历史城区；（b）澳门历史城区内的建筑

B 历史地段

国家对历史街区的发展是十分重视的，推行了多部与历史街区相关的标准和规范，其中，在《城市规划基本术语标准》中是这样描述历史地段的：城市中文物古迹比较集中连片，或能完整地体现一定历史时期的传统风貌和民族地方特色的街区或地段；在《历史文化名城保护规划规范》中是这样定义历史地段的：保留遗存较为丰富，能够比较完整、真实地反映一定历史时期传统风貌或民族、地方特色，存有较多文物古迹、近现代史迹和历史建筑，并具有一定规模的地区。历史地段如图 4.30 所示。

（a）

（b）

（c）

图 4.30 历史地段

（a）天津英式风情区历史地段；（b）湖北武汉昙华林历史地段；（c）浙江杭州清河坊历史地段

C 历史文化街区

历史文化街区的定义是经省、自治区、直辖市人民政府核定公布的应予重点保护的历史地段。在我国为了保护历史文化街区外观的整体风貌和构成历史街区整体风貌的所有要素，如文物古迹、历史建筑、道路绿化等，在2007修订的《中华人民共和国文物保护法》，其中第十四条直接对历史街区提出了规定：保存文物特别丰富并且具有重大历史价值或革命纪念意义的城镇、街道、村庄，由省、自治区、直辖市人民政府核定公布为历史文化街区、村镇，并报国务院备案。

但实际上“历史文化保护区”涵盖的类型较多。而“文物古迹地段”作为特殊的一类历史地段，也应受到重视，如图4.31所示。

同时，历史文化街区还应具备三个特点，如图4.32所示。

（a）

（b）

（c）

图4.31　历史文化街区

（a）北京皇城历史文化街区；（b）重庆市磁器口历史文化街区；（c）南京市颐和路历史文化街区

具有独特的有代表性的历史风貌

- ◆ 同一街区所构成的实体所具有共同的设计
- ◆ 代表某一时期、某一地区的历史风貌特色
- ◆ 对街区在城市及国家中的保护地位与重要性的定位及保护整治方向上起决定作用

历史街区

具有较完整或可整治的视觉环境

- ◆ 在古建筑集中的街区范围内未经严重破坏、影响街区历史氛围和文化脉络的建筑物
- ◆ 在一定的范围及程度上，可以进行改变

具有大量的历史建筑

- ◆ 是历史遗存的记载着历史信息的真实的物质实体
- ◆ 是在整个街区建筑中占有较大的比例部分
- ◆ 是街区整体气氛的主导因素

图4.32　历史文化街区特点

4.2.2　老街区再生重构设计内容

当我们面对古城街区这片宝贵的历史区域时，我们不能仅仅保护其中一个建筑元素。相反，我们应该以一个整体推进，并扩展到与当地环境相适应的整体环境中。我们不能只关心老街区留给我们的历史文化，同时也要挖掘老街区的建筑所包含的传统文化，并加以

继承和发扬，不能单一地对建筑空间进行重构，应根据其空间特征进行功能定位与转换，赋予其新的价值，使其得到直接的保护。

4.2.2.1 老街区本体建筑及空间环境的重构

街区内的历史和文化建筑以及建筑群的空间格局是老街区最重要的部分，其包括建筑单元的外立面、内部空间和装饰、建筑群所围合的庭院和街道空间环境，应该对其特征风貌进行整体性的保护，如图 4.33、图 4.34 所示。

(a)

(b)

图 4.33 苏州山塘街

(a) 建筑群外立面整体性重构外景（一）；(b) 建筑群外立面整体性重构外景（二）

(a)

(b)

图 4.34 上海新天地

(a) 建筑群外立面整体性重构外景（一）；(b) 建筑群外立面整体性重构外景（二）

街区内的建筑模式是数百年至数千年的历史文化积淀的成果，记录了街区背景文化发展的变迁。每个细节都反映了街区所在城市的肌理和文化特征的细节。街区的整体环境特征也代表了当地的传统风格和特色。因此，应该把整个街区的建筑和环境一起保护，以使这些具有时代历史意义的建筑化石更好地流传下去。

4.2.2.2 老街区人文环境及历史文脉传承的重构

在保护老街区时，不仅要保护建筑空间本身，还要保护旧城区街区所包含的传统民俗文化和非物质文化遗产。对老街区进行整体保护的根本目的是为了传承城市的历史背景，让人们走进老街区，感受城市强烈的历史风貌，感受鲜活的地域特色和传统民俗文化。就像上海天子坊所代表的上海弄堂文化，如图 4.35 所示，以及南京老门东秦淮河所代表的秦淮古文化，如图 4.36 所示，这些代表了区域传统文化的历史文化遗产，应该得到保护和发扬光大。

（a）

（b）

图 4.35　上海田子坊代表的弄堂文化

（a）田子坊外景（一）；（b）田子坊外景（二）

（a）

（b）

图 4.36　江苏南京老门东代表的秦淮古文化

（a）老门东外景（一）；（b）老门东外景（二）

4.2.2.3　老街区整体空间环境的功能保护性重构

随着历史的发展和时代的变迁，现代城市的老街区与城市的整体环境发展不相适应，因此，在面对城市历史文化街区保护传承的问题时，要充分考虑在现代社会中老街区的生存和发展，这就需要精心设计老街区的整体空间环境，合理规划改造，从而给予老街区新的使用功能，使其融入现代城市，满足人们的生活需求。这些被赋予新功能和新生活的老街区才能够更好地适应现代社会可持续发展的要求，真正回归其形成时期的历史意义，并获得真正的复兴，如图 4.37、图 4.38 所示。

(a)

(b)

图 4.37 四川成都宽窄巷子整体空间功能保护的重构

(a) 宽窄巷子外景（一）；(b) 宽窄巷子外景（二）

(a)

(b)

图 4.38 福建龙泉市西街整体空间功能保护的重构

(a) 西街外景（一）；(b) 西街外景（二）

4.2.3 老街区再生重构设计模式

老街区的再生重构设计不能只是做一个孤立的系统，也不能只是一味地对现有城市结构形态的刻意模仿与呆板延续。相反，随着时代的发展，老街区应该具有承载城市岁月痕迹、延续历史文脉、让城市焕发活力的功能。老街区与城市是一个有机联系的整体，对于老街区的重构设计，要把握好老街区在城市结构环境中的地位、布局和使用方式等功能性问题，才可以更好地发挥老街区特有的深厚社会文化内涵，从而使老街区标志性的空间魅力和历史底蕴充分发挥出来，获得使用价值上的最大化。

4.2.3.1 “冻结式”保护再生重构设计模式

这种模式是将恢复和修复该地区内的建筑物同人们的生活留存下来，供人们参观、学习和观光。这类街区路网格局、建筑风格、街道景观等物质元素不仅基本保存完好而且质量不会受到太大影响，其完整性也会更好；在非物质要素方面，生活习俗、文化、艺术，在不被破坏的前提下得到了很好的延续，受现代生活的影响较小，但这种街区通常远离城市主城区，基础设施不完备，生活水平较低，所以在选择这种模式时，我们应完全保留这些街区和城镇，在此基础上，应改善街区的基础设施，恢复街区的活力。图4.39～图4.41所示为“冻结式”模式的代表。

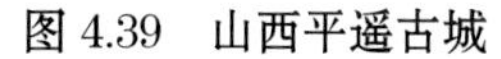

图4.39 山西平遥古城

图4.40 云南丽江古城

图4.41 安徽徽州古城

4.2.3.2 “拼贴式”保护再生重构设计模式

在历史悠久的城市地区，有许多这样的街区，其街道格局不变，保留着一部分传统风格，但缺乏基础设施，房屋简陋，人口密度大，比如西安城隍庙历史街区，如图4.42所示，就属于这种类型。对于这样的历史街区，我们应该采取再生重构的方法，在保护现有风貌较完整、房屋质量较高的条件下，对破败严重、风貌尽失的建筑采取更新，以提高老街区风格的完整性，使得历史文物和新建筑在历史街区中共存，达到保护老街区的空间形态，延续历史文脉的目的。具体的保护方法包括：保护、整修保存质量较好的传统建筑；保护街道格局及其空间尺度；限制建筑高度与控制建筑体量；改善基础设施、降低人口密度等。

（a）

（b）

图4.42 “拼贴式”重构模式下的西安城隍庙历史街区

（a）城隍庙外景（一）；（b）城隍庙外景（二）

4.2.3.3 “转换式”保护再生重构设计模式

由于老街区长期的混乱发展和人群密集，在老街区往往会存在较多的商业店铺，导致老街区的社会状况发生变化。居住在这些街区的人口中有一半以上是非本地居民，而大多数原住民搬到新的居住区，只留下老人住在这里，所以老年人群占据的比例相比新住区更高。

该地区的商业对象不仅仅局限于该地区的居民，因此，保护方法应该与以居住为主要目的的老街区明显不同。对于这样的街区，我们应该适应时代的需要，在延续老街区功能特征的同时，结合老街区的发展与城市的发展做出相应的功能调整，并在此基础上保留原有的历史特色和空间结构，适当扩大商业规模，改善商业环境，提高街区的经济水平，将老街区的文化效益、社会效益和经济效益统一起来。如成都锦里、武汉江汉路、西安钟鼓楼广场，如图 4.43 ~ 图 4.45 所示，都是非常成功的例子。

图 4.43 “转换式”重构设计模式下的成都锦里

图 4.44 “转换式”重构设计模式下的武汉江汉路

图 4.45 “转换式”重构设计模式下的西安钟鼓楼广场

4.3 老住宅区的再生重构设计

一般老住宅区所处地理位置优越，但由于年代久远的原因，自身功能无法满足时代的发展和居民日益增长的生活需求。随着生活水平的提高，老住宅区内的居民可能想要改善居住条件，想要对老住宅区进行合理改造，并以一种居民能够承担的方式提高现有的生活质量，所以老住宅区具有很大的挖掘和升级潜力。因此利用较低成本的更新完善，发掘老住宅区的潜在价值，是对老住宅区保护传承及再生重构的一条重要的实施路径。

4.3.1 老住宅区再生重构的内涵

4.3.1.1 老住宅区的组成

老住宅区的概念是一个具有一定时段性和相对性的概念，是与新住宅区相对的。老住宅区又称旧住宅区、旧住区、既有住宅区等，字面意思是"老旧的居住区"，是老住宅单元及其居住环境中自然地理空间、社会经济模式以及整体使用功能状态的聚合。

对"老住宅区"的定义主要参考使用功能的适用性和建筑外在形态的新旧程度，指的是随着使用年限的增长，在功能上已经无法适应居住在其中的人们的现代生活需求（包括物质生活和精神生活需求），在形态上呈现出破旧状态的成片居住区，具体表现为市政与公共服务设施的缺乏或陈旧、道路不顺畅、停车场地紧张、环境质量较差、户外交往活动空间和绿地的缺乏、住宅及公共建筑的老化、缺少必要的维修等，如图 4.46 所示。

（a）　（b）　（c）　（d）

图 4.46　老住宅区常见缺陷

（a）房屋老化；（b）道路狭窄；（c）缺乏公共活动空间；（d）环境质量较差

4.3.1.2　老住宅区的特征

（1）多处于城市核心区。从所处地段区位来看，城市老住宅区一般都处于城市的核心区地段。随着城市的快速发展，这些曾经处于城市核心区的老住宅区被新建区逐层包裹，进而使得这些老住宅区呈现出地缘中心化的特点，如北京海淀黄庄小区，武汉四唯街袁家村社区，如图 4.47、图 4.48 所示。但城市核心区的区位优势往往使得老住宅区拥有成熟的城市公共服务配套设施，其所处的土地价值也非常巨大。

（2）老住宅性能偏低。老住宅区的住宅由于建设时间较早，加之建设时采用的标准也低于现行标准，从而使得老住宅性能普遍偏低，与新建住宅有较大差距，如图 4.49 所示。

住宅性能是保证住宅基本功能的最为基础的方面，因此对老住宅性能的改造更新是老住宅区重构设计工作中十分重要的一点。

图 4.47 北京海淀黄庄小区

图 4.48 湖北武汉四唯街袁家村

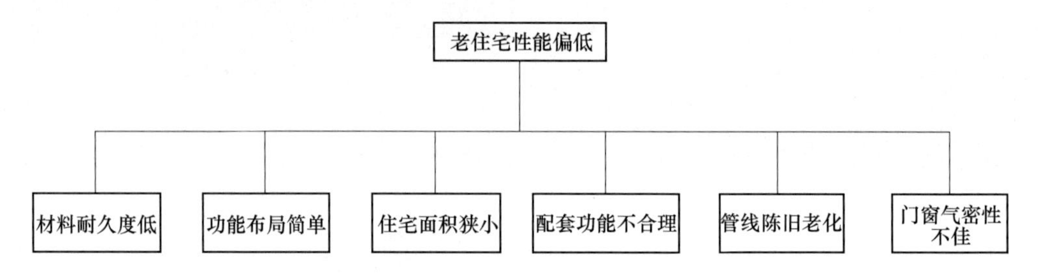

图 4.49 导致老住宅性能偏低的原因

（3）居住主体多为老年人。老住宅区中常住人口大多都是老年人。一般都缺乏老年人的活动中心，但对于常年居住在老住宅区的老人来说，其在老住宅区内的人际关系网络会比新住宅区完善，也比较熟悉生活环境，老人之间的邻里关系可以得到很好的保障。例如西安市老年人口占总人口的比重，如图 4.50 所示。

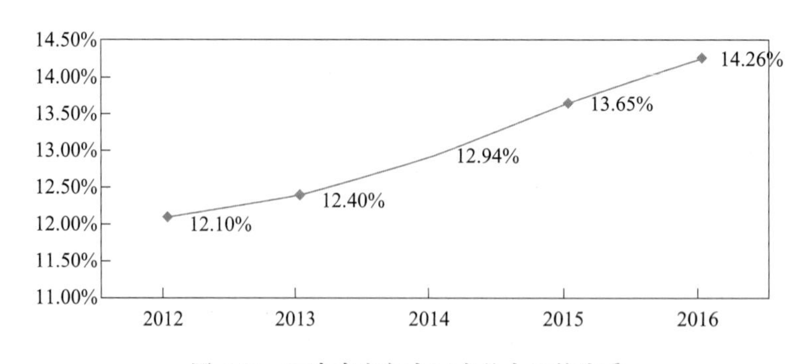

图 4.50 西安市老年人口占总人口的比重

（4）居民结构混乱。从老住宅区的居民结构上看，这些住区往往会形成居民结构的低端化。对于中低收入者，往往会选择在城市中租房居住。此类人群由于工作需要往往倾向于选择有好的区位、便捷的交通条件和相对完善的公共服务设施的地方，但这样的地段一般租金又会较高，而城市老住宅区自然成为他们的理想选择，这就导致老住宅区涌入大量中低收入者。加之转租、合租、隔间租赁的现象，老住宅区内居住的居民鱼龙混杂，居民结构呈现混乱化、低端化，这会不利于管理。

4.3.2 老住宅区再生重构设计内容

随着城市现代生活水平的提高和住房制度的改革，城市现存的老住宅区在房屋建筑本体、生活配套设施、公共活动空间、住宅设计、节能等方面，都无法很好地适应现代城市的生活需求。特别是老住宅区产权多元化的改变，导致维护管理水平下降，使老住宅区人居环境恶化，因此，老住宅区再生重构设计内容会大大地推动老住宅区功能的提升，进一步在经济、社会、文化和环境等方面解决其原有存在的问题冲突，为老住宅区内不同阶层的居民提供更好的保障从而达到和谐共生的局面。

4.3.2.1 房屋建筑本体改造

对已经建成时间较长的旧住宅进行抗震鉴定，对不符合结构抗震标准的老旧房屋进行抗震加固。在检查旧住宅质量后，应酌情进行热计量改造，节能改造和“平改坡”改造。组织清洗粉刷建筑物并清理管道，改造旧设备和管道，如水、电、暖、天然气等。电梯、空调和电缆、太阳能设施、绿色屋顶和地下室翻新等其他改造项目可根据社区的具体需求有选择地进行，如图 4.51 所示。

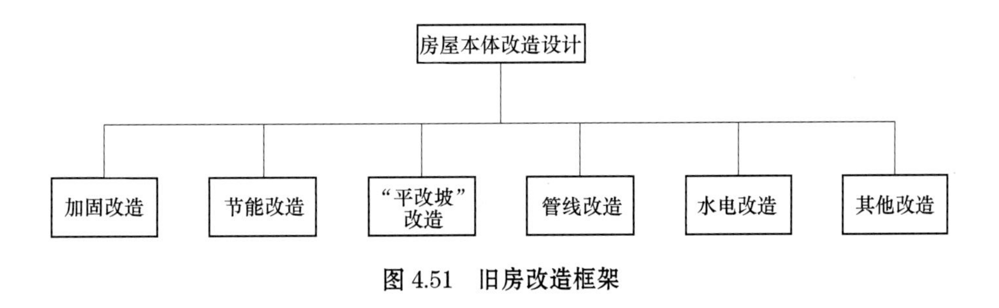

图 4.51 旧房改造框架

4.3.2.2 生活配套设施

老居住社区会根据施工初期的规划理念，在社区周围建立幼儿园、小学和一些配套商业，在社区内建设活动广场、公共绿地和车库。随着居民实际生活水平的提高，这些配套设施越来越无法满足居民的需求。图 4.52 所示为西安市老住宅区内停车难问题。

汽车进入中国城市家庭的速度,是社区建设之时没有考虑到的。汽车数量的年年增长，如图4.53所示,会导致原本就不够的停车位更加紧张。因此,在对老旧社区进行重构设计时，生活配套设施的重构设计也是十分重要的内容。

4.3.2.3 公共活动空间

老住宅区常存在公共活动空间不足的现象，原来的规划思想只是在有限区域内尽可能地多布置建筑，而忽略了对公共绿地、公共活动场所等场地的安排，如图 4.54 所示。室

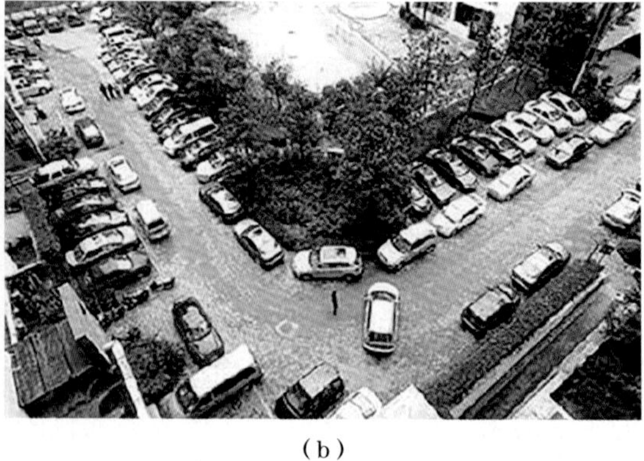

（a）　　　　（b）

图 4.52　老住宅区内“停车难”问题

（a）“停车难”问题（一）；（b）“停车难”问题（二）

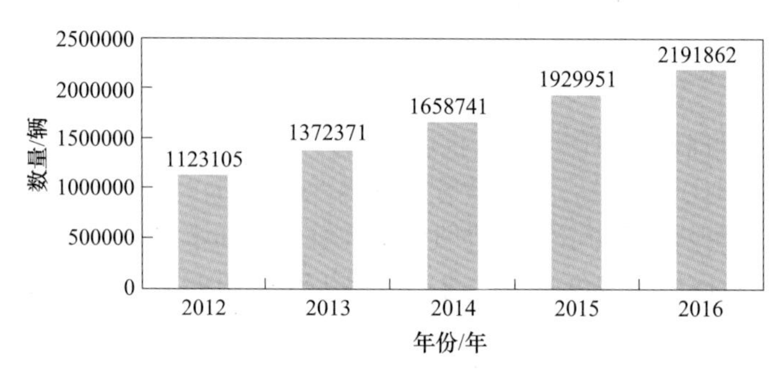

图 4.53　某二线城市私车保有量

外活动空间的缺乏，导致老住宅区缺乏活力，为了提高老住宅区的活力，公共活动空间在重构设计时是一项必须考虑的内容。

（a）　　　　（b）

图 4.54　缺乏公共绿地和活动场所的老住宅区

（a）老住宅区（一）；（b）老住宅区（二）

4.3.2.4　环境与节能

环境问题是老住宅区问题最明显的表现。房屋表面受损、走廊公共照明不足、排水管道维修不足、路面缺乏维护以及各种违章建筑等问题，导致居民社区整体生活环境恶化。

节能改造主要是更换窗户、屋顶保温、节能翻新，同时进行走廊墙面涂装。环境整治的主要内容包括美化建筑立面、拆除私人建筑、重新修补绿化、清理乱堆乱放物料、改造老旧管线、增补停车位、增补必要设施等，如图 4.55、图 4.56 所示。

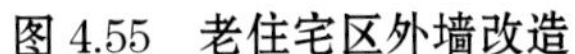

图 4.55 老住宅区外墙改造

图 4.56 老住宅区绿化改造

4.3.3 老住宅区再生重构设计模式

再生重构设计模式是在对改造更新目标的理解与细化的基础上对实施途径所做出的一种选择，它是连接老住宅区改造更新目标与实施结果的中间环节。由于老住宅区重构设计主体不同，所以选取的改造更新模式会有所不同，进而实施的路径也会相应地有所不同。根据再生重构引导主体上的不同，老住宅区的再生重构设计模式可分为政府统筹与土地储备重构模式、土地整理与开发联动重构模式、集体资助筹资合作重构模式。

4.3.3.1 政府统筹与土地整理重构模式

以政府为主导进行老住宅区改造和土地整理的重构模式，是由政府组织实施，政府统筹规划，乡镇（街道）政府配合。由政府投资平台公司获得财政投入后（或其他方式的融资），支付居民回迁补偿费用或实行货币补偿自主购买限价商品房，也可由政府投资平台公司或委托代建企业通过自筹资金、银行贷款（理财）或发行债券等融资方法筹措资金建设回迁安置区。工程竣工验收后，按约定偿还其建设投入和相关融资成本，并支付相应的管理费用。这种模式一般适用于居住功能衰竭、环境极度恶化、简陋搭建与已超出使用年限、年久失修、安全度低的老住宅区。如深圳福田区华富村，就是以政府为主导的老住宅区重构，如图 4.57、图 4.58 所示。

4.3.3.2 土地整理与开发联动重构模式

政府负责统筹组织协调，统筹规划，由房地产开发企业作为土地整理和开发联动的实施主体，负责该老住宅区域的再生重构。该类模式是由开发企业（当地政府的城建投资公司或大型国有企业）按当地政府所规定的相关政策筹措资金，由当地政府负责老住宅区重构工作的组织和实施。开发企业在原地或异地按约定获得老住宅区的开发权，并按政府约定的建造标准，建造回迁安置区。政府监管其建造的全过程，并按照政府财政资金审批流

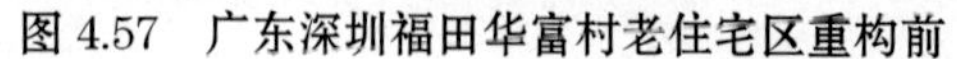

图 4.57 广东深圳福田华富村老住宅区重构前

图 4.58 广东深圳福田华富村老住宅区重构后

程监管资金的使用。这种模式一般适用于政府财政资金短缺的地区、外部开发企业具有足够实力时的老住宅区的再生重构。上海航天新苑老住宅区与永和地产联合进行的再生重构，如图 4.59 所示。

4.3.3.3 集体自主筹资合作重构模式

经济实力和管理能力较强的老住宅区也可作为改造的实施主体，和政府协商规划，社区集体负责筹备资金，自行组织施工，统一改造公共设施和环境卫生设施。该种模式是由集体构建一个经济组织（或居民入股的经济组织）来代表进行资金筹集、规划报审以及建设管理。这种模式一般适用于集体经济实力比较强的老住宅区，这种模式一般投资不大，既可以明显改善旧居住区的环境质量，也可以较好地保留原有风貌特色，是一种较为缓和的重构模式。扬州群发小区改造就是以这种模式完成的，如图 4.60 所示。

图 4.59 上海航天新苑的再生重构

图 4.60 江苏扬州群发小区的再生重构

4.4 老工业区的再生重构设计

从农业时代到工业时代再到后工业时代，城市与社会都发生着深刻的变革，物质空间和人文空间都经历着持续的变化，其中工业化是一个城市发展的主要推动力，而老工业区却是一个位于工业化和城市化交叉地带的历史载体。同时由于城市格局的变化，老工业区用地功能也从工业用地逐渐向商业、教育、公共用地转变。此外，这些用地往往都存在着不同程度的污染，对老工业区进行再生重构设计的目的就是为了使老工业区重新焕发活力，使其具备新的使用价值和经济价值，故而在再生重构设计时就要从整个老工业区来考虑，综合老工业区内部环境，注重建筑与周围环境的关系，对其进行重构设计从而使得老工业区重获真正的"新生"。

4.4.1 老工业区再生重构的内涵

4.4.1.1 老工业区的内涵

工业区是指由一个或数个较强大的工业联合企业为骨干，组成的工业企业群所在地区。这些地区大多以企业地域联合为基础，由一群企业或数群企业组成，有共同的市政工程设施和动力供应系统，各企业间有密切的生产技术协作和工艺联系。

老工业区是指"一五"、"二五"和"三线"建设期间国家重点工业项目形成的特定区域，为国家建立了独立完整的产业体系，也为建设和发展中国老工业城市做出了突出贡献。如图 4.61 所示，巨大的变化和反差给人们带来了各种各样复杂的问题，因此城市老工业区的再生重构也成为了人们必须面对的历史问题。

(a)

(b)

图 4.61 老工业区

(a) 外景（一）；(b) 外景（二）

4.4.1.2 老工业区的类型划分

A 内陆封闭型老工业区和滨水开放型老工业区

内陆封闭型旧工业区位于内陆地区，远离水路交通线路。由于陆地交通成本较大，所以内陆封闭型旧工业区一般接近原料产地、能源产地或者消费地，对外交流较少，经济活动较封闭。

滨水开放型旧工业区指位于河海沿岸，水路交通发达的旧工业区。滨水开放型旧工业区的兴盛一般得益于发达的水路交通运输成本较低，相对缩短了与原料产地和消费地的距离，促进了对外的经济交流，使工业产品拥有广阔的市场，如图 4.62、图 4.63 所示。

图 4.62 原重庆内陆封闭型老工业区

图 4.63 原上海渔人码头滨水老工业区

B 原料采掘型老工业区和产品加工型老工业区

原料采掘型是指以自然资源为劳动对象,直接开采各种原料、燃料,如开采煤炭、矿石、石油与天然气等。原料采掘型老工业区一般位于矿产富集区,强烈依赖当地的自然资源禀赋,如图 4.64 所示。

相比之下,产品加工型老工业区不具有丰富的矿产资源,主要从事原材料和半制成品的加工或再加工。伴随工业化进程,加工业逐渐向机械化、规模化方向发展,资金和技术等非劳动力因素对加工业的影响不断加深,如图 4.65 所示。

图 4.64 湖北黄石采掘型老工业区

图 4.65 原北京首钢冶金加工厂

C 重化工业型老工业区和轻工业型老工业区

重工业是指为国民经济的所有部门提供物质和技术基础和生产资料的工业部门。重化工业型旧工业区主要以生产资料产品的生产为主,如钢铁机械设备及化工产品等,如图 4.66 所示。轻工业型旧工业区主要生产生活消费品和制作简单的手工工具,如图 4.67 所示。

D 城市中心老工业区和城市外围老工业区

城市中心老工业区位于城市中心地区,在区位选址方面考虑市场指向与技术指向。市场指向是考虑某些产品不宜长途运输或运输成本极高,所以应尽可能接近消费地。而城市中心通常也是科研机构、高等院校聚集地区,劳动力素质较高,因而以技术为指向的工业区通常布局在城市中心区或临近中心区,如图 4.68 所示。城市外围老工业区远离城市中心,处于郊区地带。需要使用大量劳动力的工业区建立在郊区可以获取廉价劳动力，降低成本，如图 4.69 所示。

图 4.66　重化工业型老工业区

图 4.67　轻工业型老工业区

图 4.68　城市中心老工业区

图 4.69　城市外围老工业区

4.4.2　老工业区再生重构设计内容

由于经济发展、产业结构调整、工业空间转移、技术落后等原因，产生了大量破败、衰落、荒废的老工业区，这些老工业区几乎无法继续发挥原有的功能和作用，也很难再推动经济的发展和城市的进步，并且由于这些老工业区在城市中的地理位置和原来粗放式的生产给城市生活带来了一定的影响。而老工业区的再生重构设计内容意在从实际出发，从老工业厂区入手解决老工业区的历史遗留问题，从而可以保护好老工业区特有的历史价值和文化价值，让人们更好地感受到老工业区自身独特的魅力。

4.4.2.1　老工业厂房再生重构设计

旧工业厂房普遍存在于我国大大小小的城市之中，这些厂房大多兴建于“一五”“二五”期间，透过这些厂房可以看到当时的盛况，而如今却只留下了历史的回忆，如图 4.70、图 4.71 所示。随着人们对老工业厂房保护意识的增强，人们更多的是对现有老旧厂房进行动态保护即再生重构设计，在符合国家及行业相关法律法规的前提下，通过保留其外表特征，结合厂房所处的地理环境，适度地改造其外立面及内部空间，让它变成符合现代生活功能需求的建筑。这样既能传承历史，又保留了厂房自己独有的历史感，也使其物有所用。

图 4.70　老工业厂房重构后的上海当代艺术博物馆

图 4.71　老工业厂房重构后的南昌中航城售楼部

4.4.2.2　老工业构筑物再生重构设计

工业构筑物通常指工业生产活动中因为生产工艺要求建造的工程实体或辅助建筑设施，如冷却塔、烟囱、筒仓、水塔、码头、起重机、井架、支架等，如图 4.72 和 4.73 所示。对于老工业构筑物，它主要是指那些已经被废弃并具有承载结构和空间再利用潜力的构筑物。 老工业构筑物再生重构设计的内容是将被停止使用的、重构难度较大且重构价值不大的一些工业构筑物如栈桥、体量不大的井架、烟囱等，进行适当的拆除，对于部分大体量的构筑物，如双曲冷却塔、炼铁高炉、应急水塔、特种筒仓等具备承重结构和空间利用潜力的构筑物，可在其设计使用年限并符合安全可靠性标准的基础上，重构其外表面，合理拆除其内部设备，重新根据重构需求安装新设备，使其内部空间得以重构再生利用，发挥其高耸、标准性强的特点，往往能发挥其巨大的潜在价值，使之可以成为老工业区的标志性建筑。

图 4.72　老特种筒仓重构后的歌剧院

图 4.73　老烟囱重构后的地标建筑

4.4.2.3　厂区环境的再生重构设计

A　土壤环境的重构

土壤环境污染重构的主要途径是消除污染土壤及减少污染物的危害。老工业区主要土壤污染物为固体废物、重金属、有机污染物和放射性污染物。土壤污染物的清理主要包括原位修复和异位修复。老工业区用地的土壤原位再生重构方法，如表 4.2 所示。

表 4.2 老工业区用地的土壤原位再生重构方法

土壤污染治理方法	优 势	缺 点	使用条件
客土法	操作简单，成效快	成本高，效果维持性差	小面积应用
固化法	成本低	可能造成二次污染	污染物对植物危害小，向水体和大气的转移危害大
微生物修复法	治理彻底	见效慢	污染物的程度较轻
植物修复法	无二次污染，永久性	植物种类选择较难，见效慢	污染物的程度较轻，有适合的修复功能植物

B 水体环境的重构

老工业区内的水体往往深受工业废水、烟尘的污染而水质低下，或因疏于管理而存在富营养化的问题。工业废水中含大量有害物质，严重影响了水体的生态环境，此外污染物通过水的渗透而进一步污染土壤。常见的水体污染物治理有物理方式、化学方式、生物方式等，如表 4.3 所示。

表 4.3 老工业区污染水体常见的再生重构方法

水体污染治理方法	优 点	缺 点
物理法	简单易行，操作方便	不易清理干净，处理后的水质需进行后续处理，只适用于少数污染类型
化学法	成本低，技术成熟	容易造成二次污染
生物法	污染物在产生时就消耗掉，修复时间短，不产生二次污染	装置启动周期长；处理过的水仍含有相当多的有机物，需后续处理；部分厌氧菌会产生沼气，容易发生人身事故

C 绿化植被的重构

老工业区用地生态系统往往比较脆弱，物种单一，绿化植被重构的基础目标是生态系统的重构。在植物景观营造中，可以适当保留原有的植被系统，对于破坏较严重，或者不符合保护改造后环境要求的可以考虑更换。充分考虑植物的生物学特性与生态学规律，按照不同植物的生长周期规律做到乔灌草搭配、常绿与落叶搭配，从而形成稳定的生态系统，如图 4.74 所示。

4.4.2.4　工业机械废料的重构

对于一些已不具有使用功能的设备零件，可以通过扭曲、变形、重组等方式重新设计和艺术组合加工，改造成为废弃地中的雕塑或小品，提升老工业区的历史价值。在对这些原始工业元素进行细化和艺术处理之后，它们与原始设施相呼应，形式上也给人们新的视觉感受，如图 4.75 所示。

图 4.74　老工业区植被绿化

图 4.75　工业废料利用

4.4.2.5　交通运输系统的再生重构设计

交通系统的合理规划会给公共空间的功能划分与使用带来很大的方便，而且应尽量减少行车道路对步行环境和公共休闲空间的干扰与侵入。在老工业区的再生和重构中，应尽可能保留原有的道路交通系统。一方面，这将有助于唤起人们对过去历史形象的回忆；另一方面又能对包括地下管线等在内的原有基础设施加以充分利用而减少工程量，从而节省投资，如图 4.76 所示。

（a）

（b）

图 4.76　老工业区的交通系统重构

（a）交通系统重构（一）；（b）交通系统重构（二）

4.4.3 老工业区再生重构设计模式

综合世界不同城市老工业区再生重构的典型案例和成功经验，国内外老工业区的再生重构模式一般有景观公园模式、工业博物馆模式、创意产业园区模式以及大学校区开发模式几种类型。

4.4.3.1 景观公园模式

通常由于工业棕地的严重污染，需要进行生态恢复。这种模式是为了弥补过去的粗放式工业生产对环境的破坏。它反映了人们对工业时代的反思，希望有更好的生态恢复愿景。同时，公园绿地往往是受老工业区中居民欢迎的场所之一，重构起来投入低、阻力小，能在短时间内取得较好的效果。但这种模式往往需要政府的大力支持以及充裕的资金做后盾，如图 4.77 所示。

（a） （b） （c） （d）

图 4.77 景观公园模式

（a）大中华橡胶厂旧址重构的徐家汇公园；（b）粤中造船厂重构的中山岐江公园；（c）原国营红光电子管厂旧址重构的成都音乐公园；（d）大冶铁矿重构的黄石国家矿山公园

4.4.3.2 工业博物馆模式

工业博物馆模式是老工业区再生重构的经典模式。该模式适用于一些历史价值，艺术、科学价值取向较高，保存较为完善的老工业区。它以直观的形式再现当年工业生产的场景和制作过程，增加了视觉冲击力，突显了科学技术发展的飞速性。该模式由于前期规划需统筹旅游、运营、科普教育等多方面的内容，故一般由政府出面立项，如图 4.78 所示。

(a) (b) (c) (d)

图 4.78 工业博物馆模式

(a) 江西景德镇陶瓷博物馆；(b) 陕西西安大华 1935 工业博物馆；(c) 辽宁鞍山鞍钢博物馆；(d) 辽宁沈阳铸造博物馆

4.4.3.3 大学校区模式

该模式是将校园内的旧工业厂房改造成适合学生学习和生活的场所，如教室、办公楼、餐厅等。其取得成功的原因在于为大学校园营造了工业景观，一定程度上减少了开支和资源浪费，在某些情况下还解决了部分工人的再就业问题。这种模式比较成功的有西安建筑科技大学华清学院和内蒙古工业大学，如图 4.79 所示。

4.4.3.4 创意产业园区模式

由于工业厂房的独特氛围和廉价租金，艺术家和学生被吸引到这里工作，艺术创作产

（a） （b）

图 4.79 大学校区模式

（a）西安建筑科技大学华清学院；（b）内蒙古工业大学

生的经济效益为旧工厂带来了新的生机。这种模式适用于具有一定历史文化和景观价值的老工业区。由于功能衰退和利用率下降的原因，老工业区内大量建筑物被废弃。这些建筑的再生和重构可以获得强烈的认同感，如图 4.80 所示。

（a） （b）

（c） （d）

图 4.80 创意园区模式

（a）北京 798 创意园；（b）上海 8 号桥创意园；（c）江西南昌 699 文创园；（d）湖北武汉汉阳造广告创意园

5 老街区保护传承规划设计解析

5.1 南京老门东历史文化街区

5.1.1 项目概况

5.1.1.1 历史沿革

南京是六朝古都，并被列为我国第一批历史文化名城，其历史文化积淀十分深厚。悠久的历史，尤其是多朝定都已对南京的现代城市格局产生了重要影响。南京的历史始自春秋建冶城，至今已有 2500 年。其中，南京老城南地区的构成见证了南京千年兴衰沉浮，承载着南京文化复兴的时代重责，是古城南京最鲜活生动的名片，如图 5.1 所示。

老门东全称老城南 · 门东，位于南京市秦淮区，因位于南京聚宝门（今南京中华门）以东，故称之为“门东”，与老门西相对。老门东北起长乐路，南至明城墙，东临江宁路，总占地面积约 70 万平方米。该区域长久以来一直是夫子庙的核心功能区域之一，是南京夫子庙秦淮风光带的重要组成部分。旧时中华门以东均称为门东，如今的老门东历史文化街区是狭义的门东概念。

早在三国时期，老门东地区就出现了民居聚落。至明朝，中华门与秦淮河一带发展为南京的经济中心，老门东成为重要的商业和手工业的聚集地，呈现出一派繁荣的景象。清末以后，门东、门西等老城南地区商业气氛弱化，成为了主要以居住功能为主的区域，其民居、院落肌理集中体现了南京地区传统民居的风貌。老门东自 2009 年开始进行修复性改造，如今的老门东有金陵刻经、南京白局等国家非物质文化遗产展示，以及德云社、手制风筝、布画、竹刻、剪纸、提线木偶一类民俗工艺，推出多种南京地区传统美食小吃。

图 5.1 老门东历史文化街区门楼

5.1.1.2 项目背景

雕刻精致的门楼、高耸的马头墙无一不体现着老南京的建筑风貌。正在实施保护改造的老城区域占地面积约 15 万平方米，其中箍桶巷示范段占地面积约为 4 万平方米。

2010 年年初，南京市政府决定成立城南历史文化保护与复兴指挥部，组织实施老城南保护复兴工程。2012 年，《南京老城南历史城区保护规划与城市设计》《南京历史文化名城保护规划》分别获批，明确提出尊重传统建筑风貌，重点保护城南历史城区。老门东历史文化街区是老城南保护项目的示范区。2013 年 9 月 30 日，老门东历史文化街区的箍桶巷示范段对外开放。修复改造方案中，箍桶巷街巷瘦身到 15m 宽，并恢复了其以往地界，在街巷中复原了青石板、青砖路，保留了街巷尺度和肌理。沿街及街巷内部依照传统民居样式恢复、修建了具有南京老城特色的古民居院落群，富有浓厚的历史气息。修复改造后的老门东历史文化街区植入了多种业态，如传统文化、手工艺展示等文化业态，休闲、购物等文旅业态。

老城南·门东是由市区两级政府合作，召集国内外知名规划、建筑、商业策划专家，历时五年通力打造的开放式休闲文化街区。项目始终坚持“整体保护、有机更新、政府主导、慎用市场”的保护方针，在保护历史风貌、传承历史文化原真性的同时，有机注入文化展示、艺术创作、旅游观光、休闲体验等现代功能。

5.1.2　规划设计

5.1.2.1　规划原则

A　尊重历史、还原场景

在老门东地区兴起了南京传统文化。老城南京的传统民居以“青砖小瓦马头墙，卷轩直架和合窗”为主要建筑特色，以“庭院－巷－街”高密度层次为主要居住形式。街巷古朴大方，建筑风格简洁不失精致。

从街巷尺度而言，北至剪子巷、南至明城墙的箍桶巷长约 250m，旧时只有 13m 宽。随着城市交通的发展，其宽度不断增加，逐步成为一条 22m 至 30m 宽的交通干道。在改造修复过程中，通过兴建传统式样的仿古建筑，在最大限度保留老门东地区原有民居尺度、街巷肌理、建筑组织方式的基础上，将巷子“瘦身”到了 15m 宽，恢复了其以往地界和街巷尺度，如图 5.2 所示。

（a）

（b）

图 5.2　箍桶巷景观组图

（a）箍桶巷景观（一）；（b）箍桶巷景观（二）

老门东的传统居住区街巷尺度较为狭窄，房屋排列密集且间距较小，属于高密度的居住模式。修复改造过程中，箍桶巷及其他主要街巷尺度上延续了历史的街巷关系，且较为完整，是研究南京老城南地区城市格局的主要参照。

就建筑样式而言，传统建筑的砌筑通常以青砖和条石等材料为主体，材质本身拥有天然的肌理和质感，无需多加粉饰就有很好的艺术效果。建筑的厅堂次间多为“半墙半窗”的建造方式，即长方窗安装在矮墙上。窗的形式多为和合窗，分为上、中、下三扇窗页，窗页皆为横长方形，只有中间扇可以开启，其余两扇为固定扇。民居入口是南京传统民居的精华部分，通常不设置在建筑的正中间，入口处的门罩古朴大气。门楼多采用大块方砖砌筑，脊饰曲线优美，延伸起翘，风格大气。门头的装饰是当地特色历史文化重点保护部分，因此多数保留完好，如图 5.3 所示。

(a)

(b)

图 5.3 建筑细部样式

(a) 建筑入口处门罩；(b) 建筑入口

从建筑结构而言，建筑结构改造应参照传统建筑样式，延续传统，墙面形成“上空斗，中实墙，下条石”的极富南京当地特色的样式。

B 生态可持续原则

南京老门东历史文化街区遵循“因地制宜、生态持续、移步换景”的规划原则，该原则主要体现在老门东地区的景观规划方面。

因地制宜，延续、发展当地遗存和特色：老城区具有独特的肌理走向和特殊的历史文脉，因此在进行景观规划的同时，需要充分考虑现有遗存，以体现老城南地区的精神文化。同时应注重因地制宜，利用环境中的有利因素，师法自然，最大限度地依据地形地貌解决现存环境问题。

箍桶巷沿路的景观节点有地面凿刻、积善亭庭院、旱地喷泉等，结合景观节点与景观带布置了休息座椅，游客每到一处都有新的景观感受，做到了步移景异、移步换景，如图 5.4 所示。

C 活态传承

活态传承，是指在保护物质文化遗产的基础上，将非物质文化遗产融入生产、生活、

（a）

（b）

图 5.4 箍桶巷沿路景观节点

（a）旱地喷泉；（b）石刻

生态整体发展的环境当中进行保护和传承，使物质文化和非物质文化遗产在人民群众生产生活过程当中得以自然传承与发展地传承。活态传承是南京老门东历史文化街区改造的理论支撑，不仅能够实现物质文化遗产的保存与保护，更能达到依附于物质文化遗产而存在的非物质文化遗产保护和传承的目的。

5.1.2.2 项目规划

A 周边环境

南京老门东历史文化街区是狭义的门东的概念，其南抵明城墙，西沿内秦淮，东接江宁路，占地约 15 万平方米。

老门东作为保存较为完整的历史街区，其南、西、东三面皆有与历史文化街区尺度相适的街巷及建筑物作为呼应，而老门东历史文化街区北部所临的城市街道——剪子巷以北，则是新建现代高层住宅小区，与建筑天际线低缓的仿古或古代建筑仅一街之隔，极大地削弱了老门东所体现的老城南特有的历史文脉和肌理走向。

由于近年来公共交通的发展及共享单车的出现，老门东附近游客交通方式发生较大变化，共享单车堆积在景区入口处，造成入口处人流疏散较为困难，同时在一定程度上影响了景区入口处的风貌。

夫子庙秦淮风光带风景名胜区是南京最为著名的景点之一，老门东历史文化街区虽规划修复较晚，但其西沿内秦淮，得天独厚的地理优势引导秦淮风光带的人流前往老门东观光游览，带来源源不断的新的商机与活力。

B 业态分布

据调查，箍桶巷片区历史文化资源遗存数量较多，其中老树 15 处、风貌建筑 8 处、古井一处。省级文保单位蒋百万故居就在箍桶巷周边的三条营街巷内。在修复改造中，老门东通过箍桶巷示范段连接了三条营、中营、边营及明城墙，实现了片区功能的分隔，如图 5.5 所示。

箍桶巷示范段分为若干功能区块。其中箍桶巷单元的主要功能是旅游服务和会议接待，同时有部分餐饮与文创商业，因此定位箍桶巷为综合旅游服务中心；工业遗迹单元因建筑空间适合博览展示、文化娱乐与餐饮休闲，修建了“一院两馆”：南京书画院、金陵美术馆、老城南记忆馆；三条营以西建筑以院落式布局适当开展了商业、展示等功能，以东部分则主要是加强了步行观景的引导。

图 5.5 老门东业态分布

C 道路规划

景区外道路东接江宁路、北临剪子巷；景区内道路则呈网格、棋盘式布局，主要有三条营、边营等，如图 5.6 所示。

图 5.6 老门东历史文化街区主要街巷

经过修复改造的老门东历史街区，其街巷布局延续了历史的街巷肌理和布局关系，且完整度比较高。经过调查与相关访谈，商业的大量引入导致人流量的增加，传统城南街巷尺度发生了较大变化，由狭窄变得宽阔。箍桶巷作为老门东历史文化街区的示范工程段，为了适应商业引入的需要与游客流量，其宽度做了一定调整，因此街道宽度与巷子两侧建筑物高度的对比相对较弱，传统街巷的高耸狭仄感已经消失全无。这种变化改变了原有的“街－巷－庭院”的居住模式，也削弱了老门东地区的传统民居特色，如图5.7、图5.8所示。

图5.7　较窄的传统街巷

图5.8　经过改造的街巷

D　景观规划

在探讨景观规划问题的解决方案时，老门东历史街区着重强调了人文与自然关系的融合，它根植于特殊的地理、气候，依赖并充分利用当地本土的材料、植株，注重对历史遗存的继承发扬，重视感官的第一感受。

在箍桶巷两侧随处可见由盆式水井、小水渠、水生植物组成的小景观带，并每隔一段距离设置可供游人停留驻足、互动的景观节点，如图5.9所示。

(a)

(b)

图5.9　箍桶巷水景景观

(a)箍桶巷景观（一）；(b)箍桶巷景观（二）

在老门东牌楼不远处就是积善亭庭院，自然形态的池塘小巧精致，池塘周围遍植本土水生植物，力求自然，不着人工痕迹。除了本土植物的应用，老门东历史文化街区还利用小品传承并延续当地民俗风情等非物质文化内容。老门东的小品主要包括雕塑、绘画等形式，如箍桶老汉像、寄信女孩像等，如图 5.10、图 5.11 所示。

图 5.10　自然形态的池塘

图 5.11　雕塑小品

除箍桶巷外的其他街巷由于宽度较小，沿街巷而列的景观带较少，多以景观小品、局部绿植或绿植与建筑结合的方式提升街巷的景观品质，或借助于历史遗存的水井、水桥等营造局部小景观节点，如图 5.12、图 5.13 所示。

图 5.12　传统街巷局部景观

图 5.13　植物与建筑融合

E　建筑风格

在老门东历史文化街区的修复改造过程中，其建筑设计严格遵守了相关规定，新建建筑多建立在原有建筑的基底上，采用“肌理插入法”在老建筑中间隔植入新建建筑，保证新旧建筑风貌一致。对文保单位建筑、历史建筑依照原建筑的色彩、体量、高度，需要修葺的建筑也尽量依照了“修旧如旧”的原则，建筑色调则以老南京“青砖小瓦”的黑白灰为主色调，如图 5.14 所示。

修复改造过程严格遵照文保部门的相关规定，箍桶巷等街区内部的走向、宽度等均按照街巷原始宽度恢复，通过兴建传统式样的房屋，适当缩窄宽度。

（a）

（b）

图 5.14 箍桶巷仿古建筑

（a）箍桶巷仿古建筑一；（b）箍桶巷仿古建筑二

箍桶巷由昔日的 20 多米缩窄至 15m，因此沿街兴建了一些仿古建筑，且建筑大多是仿明、清时期建筑风格，屋顶制式、门头等建筑局部细节处理比较细致，花窗、门扇古色古香，但建筑整体商业气氛较浓，削弱了往日老城南历史的厚重感，如图 5.15 所示。

（a）

（b）

图 5.15 建筑门窗组图

（a）建筑门窗（一）；（b）建筑门窗（二）

F 标识系统

景区内的导视系统共有地面标识系统和墙面标识系统两种方式。墙面导视系统主要运用了新南京城的元素，结合指示标志与文字说明，既满足了实用性又十分美观；与墙面导视系统的元素相呼应，地面导视系统主要采用了老南京的代表性元素——城墙。用城墙砖的纹理基底绘制出景区周边的历史遗存、重要节点，体现了古南京质朴大气的历史风貌，如图 5.16 所示。

(a)

(b)

图 5.16 标识系统

(a) 标识系统（一）；(b) 标识系统（二）

5.1.3 再生效果

5.1.3.1 新旧融合

南京老门东历史文化街区内留有部分历史遗存，因此在规划修建时需要着重考虑新旧融合的问题。箍桶巷沿街的仿古建筑与文物建筑相间排列，外立面风格较为统一，较好地重现了旧时箍桶巷的街巷风貌，但因商业大量引入，街巷整体商业气氛浓厚。

在修复改造过程中，老门东历史文化街区的更新应注重同周围已有环境的协调，同时保留自身特色，以体现古城南京的历史风貌。但全新开发的木匠营小区、江宁路花园等多层现代住宅小区，破坏了历史街区的风貌。一些新建建筑的设计没有依照历史遗存，过多发挥，显得有些不伦不类。

箍桶巷南抵明城墙，但从实际调研情况来看，此处游客较少，街巷与明城墙没有形成良好的过渡关系，因此造成了游览路线的重叠和中断，如何规划箍桶巷尽端的游览路线，充分利用明城墙这一历史古迹，是需要重点考虑的问题，如图 5.17 所示。

(a)

(b)

图 5.17 箍桶巷南段

(a) 箍桶巷南段（一）；(b) 箍桶巷南段（二）

5.1.3.2　街区可达性

老门东历史文化街区修复改造完成后影响逐渐增加，但从交通方式方面分析，公共交通与老门东历史文化街区的通达度还不够，一定程度上影响了老门东的游客数量。

南京老城南·门东历史文化街区的保护更新与城市建设密切相关。在修复建造过程中不应该把老门东历史文化街区孤立割裂地进行修复设计，而应将其纳入城市规划的范畴内，结合周边街巷及建筑肌理进行更新改造，使老门东地区与周围环境相协调，也使南京古城的历史风貌更好地传承下去。

5.2　福州三坊七巷历史街区

5.2.1　基本概况

三坊七巷历史文化街区位于福建省福州市鼓楼区的杨桥东路南侧，是我国目前现存于城市中心区的坊制街区之一，以其规模最大、保存最完整而闻名，蕴含着丰厚的文化历史底蕴，也是最能代表福州文化的一个街区。三坊七巷占地面积约达 40 公顷，分别由光禄坊、文儒坊、衣锦坊等三个坊，南后街、吉庇巷、宫巷、安民巷、黄巷、塔巷、郎官巷和杨桥巷等七个巷和一条贯穿街区的中轴街道组成，因此自古以来便被人们称作“三坊七巷”。三坊七巷历史文化街区最早起源于晋，在唐五代时进行街巷格局的完善，在明清时期达到坊巷格局的鼎盛，至今仍基本完整地保留着历史悠久的坊巷布局，如图 5.18 所示，是中国城市范围内仅存的一块“里坊制度活化石”。坊巷内现存有大量的历史文化古迹和 200 余座传统建筑，其中约有 15 处被列为全国重点文物保护单位，21 处被列为遗产地核心要素，并存有大量的省、市级文物保护单位和传统历史保护建筑，堪称一座文化底蕴厚重的“明清建筑博物馆”。

图 5.18　三坊七巷区位图

三坊七巷不仅拥有丰厚的文化底蕴，而且人才层出不穷，更被称作是“闽都名人的聚集之地”，大量对于中国社会发展起着重要推动作用乃至对中国近现代的发展进程都起着重大作用的名人皆来自于此地，如林则徐、严复、林觉民、冰心、林纾等，不仅使这片土地拥有着独特的人文历史，更充满了难以言喻的灵性与才情，使这片土地成为福州不可多得的福地，如图 5.19~ 图 5.22 所示。

图 5.19　林则徐纪念馆

图 5.20　严复故居

图 5.21　沈葆桢故居

图 5.22　冰心故居

5.2.2　规划设计

5.2.2.1　城市文化分析

A　物质文化分析

三坊七巷的建筑堪称是福州地区传统建筑的代表，同时也是我国南方地区目前保存较为完好的传统历史街区之一，曾被著名的齐康教授评价为中国历史城市中典型的里坊制布局代表之一。自唐朝末期形成起，三坊七巷经历了千余年的延续，至今仍旧基本保持着原始的格局，在国内实属罕见，并且就其保留下的数量众多的建筑古迹和庞大的街区规模来说，在国内独一无二，堪称是研究我国地区建筑史和城市里坊制度的活化石。

三坊七巷并不是初始建造便有此巨大规模，而是经过唐宋时期至今的不断建设，才使这片历史街区拥有了恢弘的建筑格局。其中，明清的建筑式样占主要部分，保存得也较为完好，规模庞大，成为了天然的“明清历史建筑展示区”。目前，在历史街区内保存有159座明清和民国时期建筑、131处历史保护传统建筑，三坊七巷也基本延续着自唐宋以来保留下来的坊巷格局。三坊七巷从散布的园林式府邸和传统形式的四合院建筑中便可看出，中国传统文化中所蕴含的信念和情操，隐含着文人墨客的理想和抱负。以衣锦坊水榭戏台、宫巷的林氏民居、林觉民故居、严复故居等历史建筑为三坊七巷的代表，正显现出了中国传统人文精神与传统历史建筑文化的结晶，如图5.23、图5.24所示。

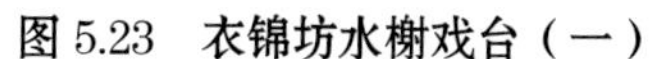

图5.23 衣锦坊水榭戏台（一）

图5.24 衣锦坊水榭戏台（二）

目前在三坊七巷中遗存的建筑主要是明清两代所建，但就其所展示出的建筑独特风格而言，仍然能够称之为福州地区传统历史建筑的代表。无论是在建筑的形制、装饰、布局等方面，还是在空间、材质、色彩方面，都体现出了传统建筑文化的特质。三坊七巷至今仍延续着传统的空间格局，保留着独特的传统风貌，街巷布局保存较为完好，“非”字形的街道格局和“西三坊、东七巷”的总体布局也基本延续，以南北贯通的南后街为轴线与其他坊巷垂直相接，使整个街区的空间结构呈现出均衡的布局，如图5.25所示。沿街的位置均设置了风格独特的坊门和坊巷，坊巷之间以较窄的小路相连通，并且形成了以街、坊巷、支巷、弄为等级序列的空间排布方法，从高到低依次分布，再加上源源不断的安泰河从街区旁缓缓流过，以塔为山，形成了静谧亲切的自然环境。许多院落中，小到建筑构件，如插斗雀替、吊柱月梁，大到整体面貌，如门扇门罩、窗花门饰，都是经过精雕细琢、精心营造而成的独特风格，图案丰富、手法精细，凸显传统建筑文化特色，造型别致的栏杆、花座、柱础等装饰物也随处可见，颇具南方独特的建筑风味。

此外，福州人别致的人文雅趣在三坊七巷的建筑中所营造出的生态环境方面也得到了充分的体现。福州人对于闲情雅趣的生活情调的追求也充分体现在了三坊七巷的居住功能中，比如王麟故居、刘齐衔故居、欧阳花厅、梁章钜故居小黄楼等，而且在娱乐休闲空间也设计精巧，比如假山、花厅、池塘、戏台等都体现出了福州人对于闲情雅趣、儒雅休闲文化的喜爱，整个区域的空间环境都散发出了一种静谧舒适的生活氛围，如图5.26、图5.27所示。

B 精神文化分析

三坊七巷内部所蕴含着的丰厚的文化精神也是其非常重要的内含之一，如丰富

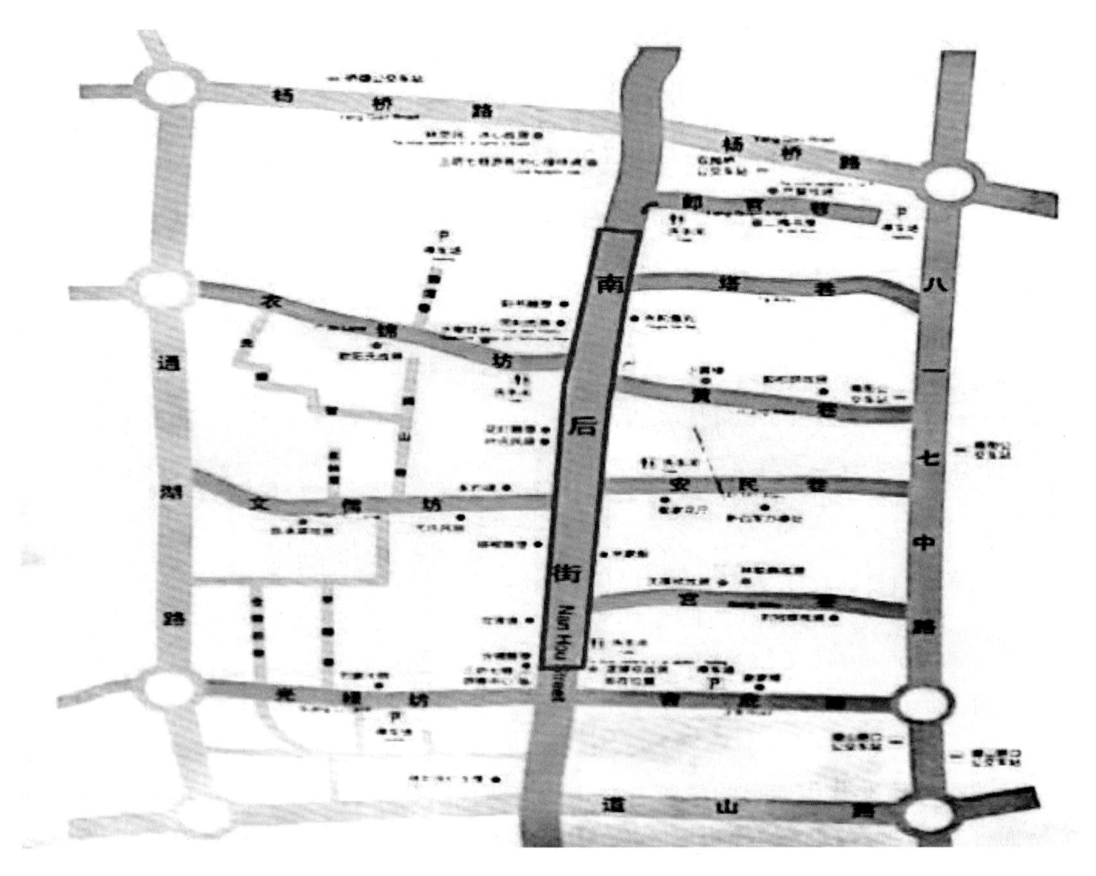

图 5.25 三坊七巷“非”字形的街道格局

图 5.26 三坊七巷内假山

图 5.27 三坊七巷内池塘

多样的风俗风采、高超精湛的技艺以及层出不穷的历史名人等。立春剪纸、除夕供公婆、元宵张灯、中秋摆塔、重阳节放风筝、二十四日祭灶等独具特色的传统风俗文化，都从各个层面向人们展示了三坊七巷中生活居民的日常写照，极具独特魅力。而永嘉玻璃店、吴玉田刻坊、软木画、花灯、纸花、角梳、脱胎漆器、裱褚、寿山石等独特的传统民间工艺，不仅向人们展示了在历史长河中形成的传统民间技艺，也凝聚了代代福州人民劳动智慧的结晶，形成了独具当地特色的艺术文化，如图 5.28 所示。

(a)

(b)

图 5.28 福州传统民间技艺代表

(a) 脱胎漆器 (一); (b) 软木画 (二)

不仅如此，三坊七巷内部所蕴含着的丰厚的文化精神，与中华传统文化精神一脉相承。正如林则徐、张经等人为了国家而抵御外敌、不畏强暴，民主革命者林觉民为革命事业而舍家为国，郭柏苍等人为发展建设家乡而呕心沥血，严复、冰心等文化学者为追求真理而不懈奋斗，仁人志士的慷慨壮举和崇高精神，都无不散发出中华传统文化精神的核心要素。这种崇高的道德品质和浩然的正气，都深深地影响着每一代人的成长，值得人们学习、继承和发扬。

自古以来，三坊七巷就延续着对原汁原味的传统文化的重视和保护，无论是散发着历史传统建筑风貌精华的坊间建筑，玲珑精巧的亭台楼榭、青瓦石台，还是传承着中华民族传统文脉的仁人志士情怀，都展示出其典雅大气、雅俗共赏的独特风采，汇聚古今，引领着传统文化的发展。如今，三坊七巷的存在不仅仅只是一处历史文化街区，它的存在也代表了福州独特的物质文化和精神文化。正是这些不同层面内涵的存在，才使三坊七巷架构出了独具一格的福州传统文化。也正是三坊七巷所独有的这种传统文化所形成的不同的文化脉络和文化氛围，才使三坊七巷传统文化更加富有竞争力。当这种独特的传统文脉发展成为一种特有的文化精髓时，便可以成为更加持久的文脉传承力量。

5.2.2.2 城市双修分析

A “城市修补”之建筑重构更新分析

三坊七巷内的建筑群自唐朝末期至宋朝开始发展，在两宋时期发展成熟，于清代至五四运动时期而发展到鼎盛。而由于发展年代跨度久远，许多坊内的传统建筑屋面破漏、墙体脱落、木材朽烂，建筑老化损坏严重，部分房屋还存在安全隐患问题。三坊七巷内明清建筑多数是采用天然木材建造，以木质结构为建造主体。而新中国成立以后居住人口增多，密度加大，大宅院也被更改为大杂院使用，长时间的超负荷承载使得建筑的损坏速度加快，多处旧住宅存在很大的安全隐患，甚至处在倒塌的边缘，如果不及时维护处理，将会造成非常严重的损失，可能威胁到居民的日常生活安全。于是在 90 年代中后期，福州政府为了能够有效地解决老旧建筑存在的安全问题，对三坊七巷进行了保护性修复，以维护传统街区历史面貌为指引对三坊七巷进行了修复性重构，传统的外立面街区风貌得到了保留。在建筑功能上，三坊七巷传统建筑的底层以商业功能为主，二层则以居住功能为主，同时对许多遗留下来的大宅园林的功能做了调整，置换为各种游览景点或社区博物馆功能，如图 5.29 所示。

（a）

（b）

图 5.29 三坊七巷内经修复后的古建筑

（a）三坊七巷街景（一）；（b）三坊七巷街景（二）

B “城市修补”之道路重构更新分析

三坊七巷地理位置优越，处于福州市商业区的核心地带，是福州城市发展的起源地。然而，随着城市的不断发展，窄小的通道空间和年久失修的老旧建筑已经难以满足现代人们对于生活和交通的需要，曾经繁华盛景的坊巷街区也随着时间的流逝而风光不再。目前，坊巷的走向均以东西为主，自南向北与南后街垂直相接，依次排列，形成了鱼骨状的街巷布局系统，灵活的视觉感受、适宜的空间尺度和独特的街巷布局都使三坊七巷散发出明清时期居民的生活气息。在民国以后，为了适应新的交通方式和满足日常生活需要，曾对光禄坊、南后街、吉庇路和杨桥路进行过拓宽，并新增了通湖路，改变了三坊七巷的街道布局。杨桥路便在城中作为一条主干道来使用，而南街和南后街也渐渐发展成为比较重要的商业街。

三坊七巷由东侧八一七路、西侧通湖路、南侧吉庇路和北侧杨桥东路围合而成，其内部的坊巷格局分布呈鱼骨状。其中，八一七路为福州市南北向主干道，杨桥路为东西向主干道，但是由于缺少可以分流的干道和支路，这两条路在通行高峰时期经常处于超负荷的运行状态，所以吉庇路和南后路便被规划为这两条主干道的分支来分担交通压力，如图 5.30 所示。

三坊七巷的交通道路主要依靠通湖路和南后路，而这两条交通道路目前作为单向车道使用，已无法满足周围居民和商业街区的日常使用要求，严重饱和。而坊巷内的道路环境杂乱，路面坑洼，道路难以通行，并且步行交通与机动车交通混杂，难以满足使用的需求。

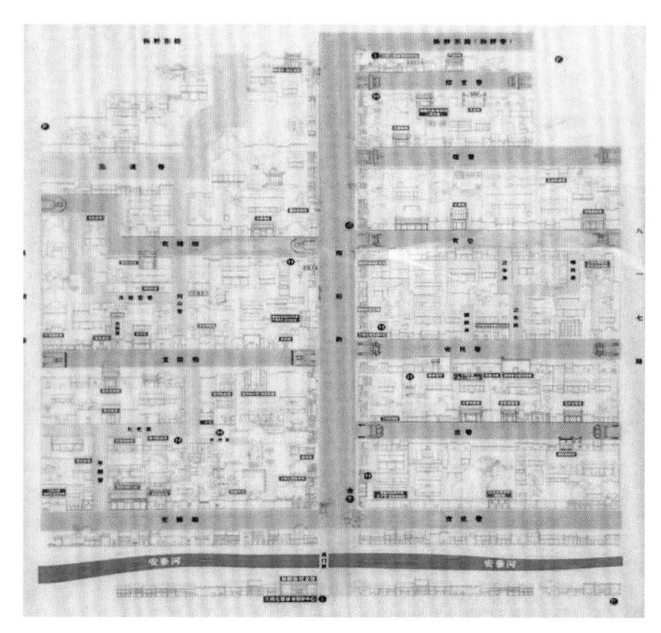

图 5.30　三坊七巷内部主次道路示意图

在进行道路的规划调整时，首先应该找准区域道路的定位，根据不同的道路等级和功能去理清道路网的结构布局，来达到道路交通的合理分配，形成整体协同的道路网络，来达到坊巷交通合理的目的。在维持传统的坊巷布局不变的同时，增强坊巷内部支路的集散功能和空间规划的合理性和舒适性。

对三坊七巷交通道路进行整顿时，应本着对传统街道充分保护，降低人为干预程度，实现城市传统文化传承的可逆性和可读性来挖掘坊巷的通行能力。优先选择历史氛围浓厚、街巷景观优美、交通问题严重且典型的街道入手，有选择、有重点地去保护和发展，既增强了街区的交通通行能力，又凸显其传统文化氛围。

三坊七巷的交通规划由两层环形的道路网组成，通过对区域性交通路网结构优化，来分担区域交通压力问题。由八一七路、乌山路、白马路和杨桥路围合成区域外围主干道交通圈，分担过境车辆交通压力，在内部由杨桥路、八一七路两条主干道和吉庇路、通湖路两条次干道组成的小区域交通圈来分担主要过境交通流和旅游类车流。南后街作为贯穿三坊七巷的中轴，规划为交通道路网中一条重要的次干道，向南直通江滨路，北侧与福飞路相接，兼顾历史街区的保护和交通功能，主要为白马路和八一七路两天主干道分担机动车流，承担居民中短途交通出行等功能。

为了使城市中的特色意象可以得到延续，在进行道路断面设计时，需要根据不同的道路层级、道路层次来进行考虑。城市主干道除了满足城市交通车辆通行的功能外，还需考虑街坊与主干道相连节点的景观协调性，引导现代都市与古城风貌的平稳过渡。

因次干道和支路主要是用来分担区域内的交通压力的，故在断面设计时应将道路两侧的传统街区风貌考虑在内。所以在三坊七巷的道路改造时将吉庇路南侧现存的树木予以保留，并将人行道和非机动车道单独设置在行道树的南侧，而将北侧的人行道和非机动车道设计为同一断面。南后街为保留传统的坊巷空间尺度，将路面设计为 12m 宽，道路两侧各留下 3m 宽度设计管涵通道，并在通道上方设计仿古建筑以保持街面风貌的统一，如图 5.31 所示。

（a）

（b）

图 5.31　三坊七巷内的道路

（a）修补后的道路（一）；（b）修补后的道路（二）

C “生态修复”之园林绿化网络重构分析

三坊七巷里的古典园林是福州最具代表性的。清代中期，由传统灰塑工艺发展而来的灰泥假山，其特点是以砖为构架，以沙、蜗壳灰、麻丝等调和成的灰泥作为表面材料，刻画出山石的质感、纹理、色泽等，常作为“真”假山的背景建造福建园林特有的“雪洞”。

在福州的宅院中，通常除了天井聚水外，常常还会开凿水池来聚水，因为水在福州地区文化中代表的是财富，而聚水也就意味着聚财。因城内水体与东海潮汐相通，三坊七巷甚至整个福州府城独特的水网系统在清代便已形成。因此，三坊七巷的私家园林的小水池为活水，以景观为主。

福州夏季炎热，夏长冬短，园内以种植常绿植物为主。榕树在唐朝时便已广植，成为福州特有的城市绿化景观，据园林部门调查，三坊七巷内还种有古芒果、古杨桃、古苹婆、古玉兰等景观，如图 5.32 所示。

（a）

（b）

（c）

图 5.32　三坊七巷内绿化景观

（a）福州园林特有的“雪洞”；（b）私家园林内水池；（c）三坊七巷内高大的榕树

5.2.3 再生效果

以规划视角重构三坊七巷历史文化街区，去保护修复每一座古建筑物，让其拥有较高质量、较高审美价值；也要从城市文脉视域分析三坊七巷历史文化街区，以传承和挖掘传统文化为出发点，并通过对街区的历史文化、名人事件的回顾与展示或再现，给人以文化体验和认同感，并突出当地民俗风貌增强区域性和识别感。在文化的引领下使建筑的价值扩大化，从而使整个历史文化街区的外在和内在的资源都得到最大化的利用，进而使整个历史文化街区的历史、文化、审美、社会、经济等各方面价值得以完整的展示和显现。三坊七巷作为福州的地标性历史街区，在延续保留原有肌理的同时，适当的与周边现代城市肌理有机结合起来，使整个区域布局得到了合理的运用，为其他城市的历史街区重构再生利用研究提供了成功的案例，具有一定的借鉴意义和参考价值。

5.3 杭州拱宸桥西历史街区

5.3.1 项目概况

杭州市拱宸桥西历史街区坐落在拱宸桥桥西，京杭大运河主航道西岸，街区的名字也是由此而来。杭州市拱宸区历史街区是清朝、民国以来运河沿岸的古镇民居中建筑得以保存最完整的区域，同时是大运河杭州段历史遗存较为密集的地方。拱宸桥西历史街区作为重点保护区，北至杭州第一棉纺厂保留的仓库，南达通源里保留的仓库，西起小河路，东至京杭运河的西岸。

街区的历史延续性很强，从清同治年间开始就是非常繁盛的水陆码头。新中国成立后，拱宸桥地区为杭州市的工业、仓储功能作出非常大的贡献，大批厂房和配套设施陆续建成。目前街区内有拱宸桥和通益公纱厂旧址成为省级文物保护单位，桑庐、高家花园成为市级文保单位。其余地段依然保留有大量的传统院落式民居、里弄和街巷等历史遗迹，其中有杭州土特产有限公司桥西仓库、中心集施的茶材会公所在内的一批建筑均被纳入杭州历史建筑保护名单，如表 5.1 所示。

表 5.1 拱宸桥桥西历史街区历史建筑分析表

名　称	年　代	类　别	保护级别	现有功能
拱宸桥	明崇祯年间	古建筑	省级文物保护单位	桥
通益公纱厂旧址	清光绪年间	厂　房	省级文物保护单位	博物馆
桑　庐	1935 年	厂　房	市级文物保护单位	创意园区
高家花园	清	名人宅邸	市级文物保护单位	闲　置

5.3.2 规划设计

街区规划的大保护格局是“一带三区六节点”，对街区的现有历史文化遗存进行梳理，对商铺和民居“应保尽保”，恢复拱宸桥西的历史形态和商业景观。改善里弄的厨房和卫生设施，提升居住环境质量；合理开发利用历史建筑，以深入挖掘历史街区的功能。发展桥西历史街区成为集商业、居住、文化旅游和创意产业为一体，集中体现杭州清末至解放初期依靠运河形成的人文旅游、仓储物流文化、近代工业文明的文化复合型历史街区，如图 5.33~ 图 5.36 所示。

图 5.33 拱宸桥一隅

图 5.34 中国刀剪剑博物馆

图 5.35 桥西社区服务

图 5.36 社区宣传栏

5.3.2.1 功能分布

考虑运河对街区的影响并针对桥西历史街区所处的位置，沿袭历史街区的功能，从商贸、工业等其他功能逐渐向居住和文化展示的功能转变；通过对街区历史的解读，分析该地区的工业文化、运河文化和商贸文化，同时包括当地住民服务对区域的影响。考虑到以上因素，将拱宸桥西历史街区定位为以居住、展示、休闲文化为主要功能并集收藏、研究、购物、娱乐等其他功能为一体的城市综合区域。原住居民保留在历史街区内，让居民来实现街区的居住功能；合理利用功能不确定的历史建筑，例如建成扇博物馆、刀剪剑博物馆以及手工艺活态展示馆等一批国家级博物馆，把具有地方特色的民族手工业传承下去；码头遗址要保护好、情境雕塑要构筑起来，以此来展示运河遗风；同时引入现代的商业功能，并发展娱乐和购物的功能。

5.3.2.2　开发管理

桥西历史街区的开发工作由杭州市京杭运河（杭州段）综合保护委员会主持实施，主要由拱宸桥街道桥西街区管理办公室主持其后的日常管理工作，桥西社区居民委员会和桥西社区公共服务工作站共同开展。主要由管理办公室负责拱宸桥西历史街区的工商、环卫、消防、行政执法等职能单位之间的工作协同，让居民的生活水平提高同时使商家经营有序。一方面组织游客接待工作和对外开展宣传工作，提高街区的社会知名度和影响力；另一方面加强日常管理工作，例如对内开展安全排查和环境治理等，建立生态宜居的且文化气息浓厚的社区。该区的老龄化现象相对严重，街区中设有桥西社区卫生服务中心和桥西社区居家养老服务站，使老年群体卫生服务水平大大提高；为了更好地维护老年人合法权益，街区多次组织丰富的法律宣传活动……

5.3.2.3　居民保留

桥西历史街区主要以墙门为单位，建筑呈现院落式布局的特点。因为用料和原有设计上的缺陷，以及各种因素的破坏，出现采光不足和功能缺失的缺点，也存在建筑残损等缺陷。如果要想留住原住民，就要考虑现代生活功能需求，并且立足于保持传统建筑的风貌特色，尽量保护现有建筑形式，把存在的安全隐患解决掉，同时改善通风、采光并改善厨卫设施，配备其他生活基础设施，提高居民生活水平。街区会按时举办节日活动，丰富居民日常生活，增加街区与居民的交流。

5.3.2.4　新旧平衡

街区保留了原来的墙门式建筑格局，对空间肌理与建筑风格也进行了良好的保护。在这样的前提下剖析街区传统建筑的旅游、商业价值，将老杭州的院落和楼阁与当代流行因子有机地结合，达成有机更新的目标。更新中心，建立老开心茶馆，将杭州评话、小热昏等非物质文化遗产注入舞台，以弘扬街区的本土文化；重现沿街商铺“上住下商”的形式，通过建筑底层发展商业；征用小范围的建筑建设拱宸国学讲堂，活跃周边居民的生活气氛；利用仓库和废弃厂房改建为博物馆，弘扬杭州手工业文化。同时，通过提高居住环境、组织居民活动，关爱老年人等举措留住原居民，保护了街区的居民组成，阻止了街区“绅士化”。

5.3.3　再生效果

5.3.3.1　环境改善

在环境整治工程上，街区着重于建筑空间的整治和居民公共空间的建设、街巷的美化等内容。粉刷建筑外立面使其成分明的两块，重建粉墙黛瓦的江南传统民居的特色；在保护街区风貌整体不变的前提下，完备消防设施、雨棚、疏水槽等辅助设施；重新设计建筑内部空间，保证居民日常生活的需求等。营造的公共空间则包括新建滨水空间、建造观景平台；利用墙门间或墙门内的空隙，形成小庭院为居民交流提供公共空间；在街道中段设计了小亭子，为来往的人提供休息空间。在街区的美化和绿化的工作上，设置标识牌，完善街道辅助系统；在街巷的两侧加设花坛、花箱等美化街道的设施；把街道的色调统一为黑、白、灰的基调，控制街区色彩；把广告牌的设计风格统一，合理安放，位置合理，使其与街巷空间协调等，如图 5.37~ 图 5.40 所示。

图 5.37 街区古井

图 5.38 居住街道

图 5.39 墙体绿化

图 5.40 新旧墙的结合

用建筑材料把控街区历史风貌。沿用小青瓦、石板铺装、挂瓦、石门框以及木质构架，对包括建筑外立面、铺地、绿化设施在内的街巷环境进行修整恢复，使街区的历史风貌特色重新焕发活力。保留街区内的百年树木，并在其周围设置公共交流和休息空间，为街区居民的日常生活提供便利。保留现存的古井等历史遗迹，多方位展示街区历史文化。通过增加花盆、花坛和花箱或在墙门内设置菜地等几种绿化形式，增多街巷绿化面积，增加街巷生活气息的展示形式，改善街巷外部环境。保留因历史的破坏造成的断壁残墙，对外露墙进行结构加固，用旧砖废瓦作点缀，使其成为独特的景观，加强街巷历史氛围的营造。

5.3.3.2 产业引入

因为靠着京杭大运河，街区自古以来就是商贸往来频繁的区域，其业种多是以茶楼、杂货店等为主，服务往来船夫和周边居民，包括同春茶园、同福酱园都曾在这里建立铺面。

但随着城市的发展，地面交通运输的建设，水运慢慢淡化，街区的各种铺面也随之减少。近年来，通过对街区进行保护修复，它的功能定位也从原商贸、居住、工业制造等慢慢变为面向原居民以及游客的文化展示、居住、商业、娱乐街区，如图 5.41 所示。其商业结构从商贸货运往来慢慢变成现代购物、休闲体验为主的商业类型。基于街巷文化氛围的前提下，引入咖啡馆、书吧、茶馆等具有文化气息的休闲产业，分期定时地组织拱宸国学讲堂，保障街区文化的多角度开展，也使街区的业态具有多样性。

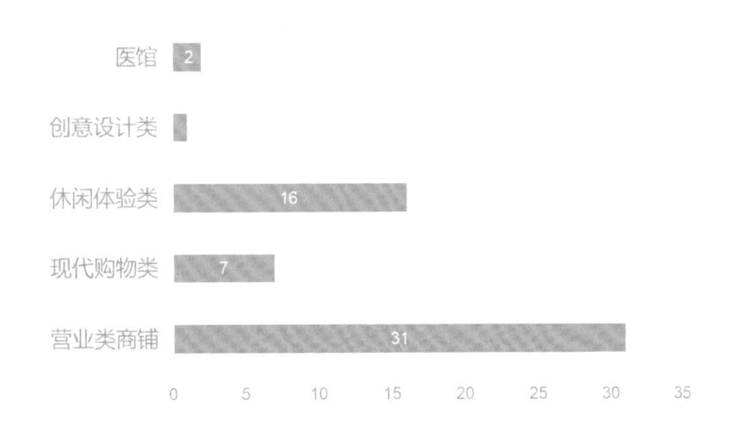

图 5.41 桥西历史街区业态分布

5.3.3.3 经济产出

拱宸桥西历史街区的定位主要是对杭城工业文化、居住文化以及运河文化的展示，街区的经济价值重点显现在其作为城市遗迹所体现的公共价值。街区目前设有七处景点，其中一处是运河遗产点，三处为博物馆，浓厚的历史文化积淀为街区的展览活动的有效进行做了稳固的基础。街区内共有三个国家级博物馆，包括中国刀剪剑博物馆、中国扇博物馆和中国伞博物馆，后又增加了手工艺活态展示馆和杭州工艺美术博物馆，它们之间互相联系，一起展示了民族工业发展历史。除此以外，在拱宸桥的东侧，中国京杭大运河博物馆体现了京杭大运河发展史。这里的几个博物馆不但展示了杭州特有的历史和文化，也增加了街区的感受层次，提高了历史街区的知名度，吸引更多的游客来此游览和参观。

6 老住宅区保护传承规划设计解析

6.1 上海合阳小区

6.1.1 项目概况

6.1.1.1 项目背景

上海合阳小区，位于普陀区甘泉路街道的220弄，始建于20世纪80年代末，由多层住宅和高层住宅共41栋楼组成,小区现有居民约为1188户,总的建筑面积达7.1万平方米。合阳小区南靠延长西路，西临宜川路，东侧与白水路相接，周围建有多处小区，西侧靠近上海市甘泉外国语中学，东侧与上海市培佳双语学校相邻，生活氛围浓厚，基础设施成熟，交通便利。但是，随着时代的发展和人们对于生活品质提高的追求，小区内的日常生活问题逐渐暴露出来。

合阳小区作为一个建成三十几年的老旧小区，老人住户占比达33%。由于历史的遗留问题，建造时部分建筑六楼屋顶留有露天的屋顶平台，部分居民为了增加使用面积、拓宽使用空间而进行私自加建，用混凝土浇筑顶层，结构直接使用钢筋固定，存在着非常大的安全隐患；小区的中心广场，因为缺乏管理、年久失修而变得杂草丛生、环境破败，严重影响着居民的生活环境；小区的交通到了夜间由于车辆的停放混乱显得更加糟糕，甚至使小区的消防通道堵塞，严重影响了居民的出行。私自违法搭建、生活设施陈旧、绿化环境杂乱、公共空间不足、停车数量紧张等问题日益突出，生活环境的破旧杂乱逐渐与小区外的现代城市繁华形成了鲜明的对比，严重地影响了小区居民的生活品质、居民生活的满意度和舒适度，对于小区环境和设施的改善，已经迫在眉睫。

6.1.1.2 优势分析

住宅问题，一直以来都是人们在生活中特别关注的问题点。住宅发展是体现一个城市的宜居水平和反映人民生活质量的关键要素，是民生发展的重大问题。老旧社区改造不仅可以为城市的发展注入新鲜血液、激活老旧区域活力、进行城市存量的更新，而且可以从具体的方面改善人们的生活质量，从基本方面入手，对居民的居住安全问题、基础设施问题、生活环境问题、生活质量问题等方面做出相应解决，切实提高原有居民的生活满意度和舒适度，提升居民的幸福感和自豪感，使老旧社区更新为宜居的、生态的、安全的新归宿。社区的成功改造不仅可以使生活在这里的居民得到更好的生活环境，也可以带动周围社区的发展，带动经济的发展，作为成功的改造试点，推动周围老旧社区更新改造，推动周围片区设施生态逐步完善，真正实现由内而外地逐步更新，激发老旧社区新活力，带动城市更新，如图 6.1 所示。

（a）

（b）

图 6.1　居住区改造示例图

（a）示例图（一）；（b）示例图（二）

6.1.2　规划设计

6.1.2.1　小区入口处改造

社区大门，作为一个小区的名片，是最初映入眼帘的景象。合阳小区通过对大门的改造，向周围居民展现了其独特的建设，现代化的门禁系统、精致的门卫建筑、亮眼的小区铭牌墙，都展示了合阳小区最新的改造成果，向人们展示了一个崭新的合阳小区。在合阳小区入口处扩大了车辆行驶空间，对门卫建筑进行了建筑空间的优化和外立面翻修，小区门头的改造也经过了精心的设计，焕然一新。小区入口处的车辆进入实现了智慧优化，只有户主才能通过蓝牙设施，一车一杆地进入小区，使小区安全得到了保证，之前乱停车的问题得到了解决，如图 6.2 所示。

（a）

（b）

图 6.2　合阳小区入口改造

（a）改造前；（b）改造后

6.1.2.2 道路改造

合阳小区“美丽家园”建设，居民获得感最强、居住舒适度提升最明显的是小区道路的拓宽和停车位的挖潜。原来小区早晚高峰期经常堵车，平时两辆车会车也很困难，对行人也有安全隐患。这次改造，拆除了小区内陈旧的围墙，拆除 8 扇铁门，把几个小区连通起来，优化绿化布局，总共拓宽了近 $3000m^2$ 的道路，道路由之前的 5m 拓宽到 8m，整修并铺设黑色路面 $9000m^2$，增加了 82 个停车位，同时，也符合了消防通道的要求，单行道变双行道，保障 24h 生命通道畅通，如图 6.3 所示。

（a）

（b）

图 6.3 合阳小区道路改造

（a）改造前；（b）改造后

6.1.2.3 建筑改造

之前小区生活居住环境很差，对使用者的吸引力较小。由于小区建成时间较长，建筑质量随着时间推移持续下降，房屋老旧，屋顶由于是平屋顶，保温性和渗透性较差。此次改造最为显著的成果之一就是“平改坡”改造，改善了长期困扰居民的外面渗透和保温性问题。同时因房屋结构原因，有 36 户露台住户均搭建了违建房，其中有的居民三代同堂住房困难，有的是买进存量违建房，有的是花巨资精装修，有的是刚做结婚新房，面对这复杂棘手的拆违工作，居委会组织了小区的“五违四必”约谈工作室，真诚相待，以心换心，感动了违建户，从“对抗”转换为“对话”，纷纷签名同意拆违，才保证了“平改坡”改造顺利完成。同时墙面做了保温隔热处理，更换新式门窗加强保温隔热能力，对外立面进行了粉刷、清洗和美化设计，如图 6.4~ 图 6.7 所示。

6.1.2.4 公共空间改造

A 中心花园的改造

改造前是一片失管的绿地，有三大问题：车辆停放随意、居民晾晒随意、绿化布局随意。经过“脱胎换骨”的改造，小区内的中心广场作为主广场，改变了杂草丛生的面貌，进行了有设计的植物配置和景观规划，公共绿化实施了有力的改造，为居民生活提供了更多的绿色环境，走在园中，心旷神怡。同时，在广场上建造了古香古色的亭子和亭前的景观墙配置，不仅为公共空间带来了浓厚的文化气息，也为居民提供了一处休闲

图 6.4 合阳小区鸟瞰图

图 6.5 建筑内部图

图 6.6 建筑色彩展示图

图 6.7 建筑立面现状图

交谈的场所，增强其公共性和场所感。在中心广场上还建造了一条慢跑步道和一块健身活动区域，为小区的居民提供了一处娱乐健身的场所，既可以使广场空间的颜值得到提升，也可以使周围居民的生活品质和身体素质在日常生活中得到改善。中心花园旁边的建筑物是小区的变电站，之前外观与中心花园的环境格格不入，经过彩绘之后，不仅增强了观赏性，与周围环境相融合，也成为精神文明宣传的重要阵地，如图 6.8 ~ 图 6.11 所示。

B 百姓小广场的改造

百姓小广场是甘泉街道的特色，每个居民区都有一个类似的小广场，不仅为居民群众提供了社区交流、健身锻炼的空间，也为居民提供了一个休闲娱乐、文体活动和居委会志愿服务活动的阵地，充分听取群众意见后，在原有基础上，通过优化布局，增加活动空间，调整并扩大了绿化面积，成为了小区最热闹的地方，提高了小区居民的生活品质和自豪之情，如图 6.12、图 6.13 所示。

C 雪松园的改造

雪松园原为一个杂草丛生的土坡，里面有 4 棵雪松，经过对杂草的重新修剪、增设木凳、铺设大理石等方面的重新规划，成为了一处景色优美、环境适宜的休憩场所。改造后，对雪松进行了重新修剪，周围用木条围起来，防止乱扔垃圾，并增设木椅，方便居民休息，地面的绿化也重新规划布局，铺设大理石，做到美观与实用兼备，面积约有 $800m^2$。如果说北侧的百姓小广场偏向“动”，雪松园更偏向“静”，这一“静”一“动”的休闲场地布局，能够满足居民不同的生活需求，如图 6.14 所示。

图 6.8 植物配置图

图 6.9 公共空间景观亭

图 6.10 小区慢行步道

图 6.11 小区健身广场

图 6.12 百姓小广场入口

图 6.13 百姓小广场凉亭

6.1.2.5 基础设施改造

完善的基础设施是人们平时生活最为基本也最重要的东西，可以从根本上提升人们的生活品质。合阳小区此次改造建设，居民获得感最强、居住舒适度提升最明显的就是小区道路的拓宽和停车位空间的释放。

（a）

（b）

图 6.14 雪松园组图

（a）改造前；（b）改造后

由于合阳小区老年居民高达 33%，无障碍设施的配置也成为了改造的关键点。为了增强对老年人的关爱，无障碍栏杆扶手随处可见，广场虽只有一台阶高度，也将台阶改为缓坡方便行驶。在楼道内部，不仅增加了楼梯间的不锈钢扶手，更在休息平台处，每两层增设一处休息座椅，供老年人停留休息，如图 6.15~ 图 6.17 所示。

图 6.15 无障碍扶手

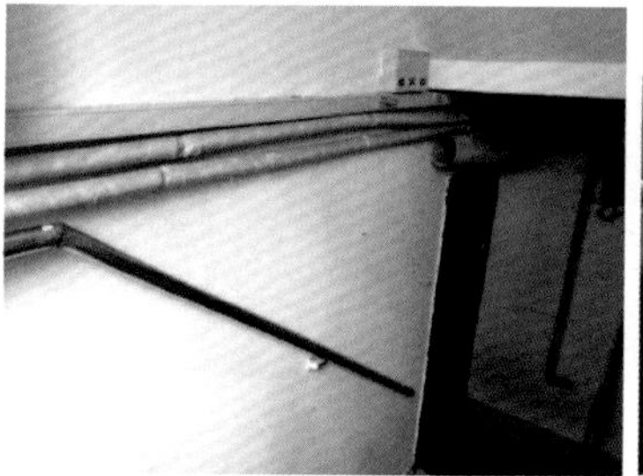

图 6.16 楼道增设扶手

图 6.17 增设休息座椅

为了提高生活环境的公共安全性，合阳小区在建设规划中标出了居民楼前所需的消防登高操作场地，并设置了登高车操作面、消防水泵接合器、民防工程距离等铭牌标志，标明了安全范围，来提醒居民生活中勿遮勿挡，增强居民的生活安全认知。在楼道中还设置了紧急消防用的灭火器，并教授了灭火器的安全使用方法，真正做到提高小区安全性。如图 6.18~ 图 6.20 所示。

6.1.3 再生效果

6.1.3.1 焕然一新、焕发新活力

立项于 2016 年的合阳小区综合修缮工程，在普陀区房管局的带头下，于 2017 年正式

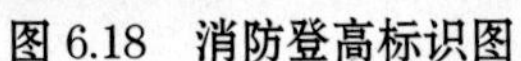
图 6.18　消防登高标识图

图 6.19　防水泵标识图

图 6.20　楼道灭火器

开工建设。甘泉路街道紧紧地抓住这次合阳小区综合修缮的契机，围绕着无违建、宜居化的居民社区创建，创新社区新治理等方面工作，通过“拆、建、管、美”等一系列的改造亮化工作，通过节点性更新工程来逐步提升整体居民生活品质。公共空间，是居民日常生活和文化休闲活动的场所，是有助于居民提高生活品质，提高舒适度和幸福感的场所。此次合阳小区改造一改以前公共空间荒废、环境破败的面貌，对小区内的公共空间进行改造和释放，如图 6.21 所示。

(a)

(b)

图 6.21　小区改造图
(a) 围墙遮挡图；(b) 墙面彩绘图

6.1.3.2　改善小区生活品质、增强小区安全性

为了提高小区居民的生活环境水平，小区建设从生活中的点点滴滴入手，从环境建设、栏杆建设、垃圾分类、文化宣传等多方面入手，整体提高生活水平。当今人们对于生活环境品质的要求已远远超过以前，小区的建设从绿色环境入手，增设了多处绿化景观，在楼前、拐角处、道路旁都增设了道路景观及绿化设施，四季常青成为小区的平常生活景色，使居民在平常生活中便可以感受到新鲜的空气和优美的生活环境。道路两侧的栏杆一改以前破旧的铁质栏杆，而由精心设计的景观栏杆代替，除了栏杆的基础作用，也为道路景观提供了有效帮助。合阳小区通过对垃圾进行分类，有效地改变了垃圾乱堆乱放、环境污染、生活环境杂乱的原有情况，使小区变得整洁干净、空气清新，提高了居民的生活空间品质和

环境品质，获得了一致的好评。小区内部不仅增设了环境绿化、公共空间、基础设施，还为居民提供了文化活动场所，不仅从周围环境提高了居民生活质量和生活满意度，更从生活中入手来提高文化生活气息，满足生活文化需求，真正做到居民满意、居住舒适。不仅从周围绿化环境来提升居民的生活环境品质和居民舒适度，更从文化气息入手来提升居民的内在品质，使人们真正感受到生活文化水平的提高和舒适度的提升。

6.2 杭州馒头山社区

6.2.1 项目概况

浙江省杭州市上城区南星街道南宋皇城遗址凤凰山脚路的馒头山社区，南靠浙赣线，西至凤凰山，北上万松岭，社区依地势而建，环境优雅，空气清新。社区内有全国文物保护单位——梵天寺经幢，还有月岩、圣果寺、老虎洞官窑遗址、万松书院等名胜古迹，有着浓厚的文化底蕴，如图 6.22 所示。

（a）

（b）

图 6.22 馒头山社区

（a）社区入口山墙；（b）社区入口道路

馒头山片区是原南宋皇城中心地带，社区占地面积 100 公顷，有 2300 余户居住于此，人口为 6100 余人。馒头山社区范围内有浙江省军区后勤部综合仓库、杭州市气象局、杭州市美术职业学校、杭州电焊条等 12 家辖区单位。这里 60 余年来没有进行过大面积的彻底改造，原来的馒头山社区街道狭窄，污水横流，危房、违建群租房随处可见，许多居民家中尚未通自来水，常年使用煤炉，这些一直是杭州市民生改善的心头之痛。2015 年 10 月，上城区启动馒头山地区综合整治工程，在短短的 6 个月时间内成就了今天的馒头山社区，打造了“馒头山样板”，也造就了馒头山之变，如图 6.23 所示。

6.2.2 规划设计

1949 年秋，红日初升，百废待兴。新中国的第一个居民委员会就在这朴素雅致的浙江杭州上城区于万众瞩目之中诞生了，时光流转，星火燎原。上城区政府始终坚持“以人民

(a)

(b)

图 6.23 馒头山之变

(a) 社区公交车站；(b) 社区休息处

为中心”的发展理念，不断深化全国社区治理和服务创新实验区建设，探索出了一条“党建引领”“三社联动”“多方共治”的社区治理之路。

党建引领是上城区一以贯之的社区治理主线，以构建“区域化大党建格局”为总抓手，推行社区“大党委制”，通过健全完善社区、网络、楼宇和社区组织党建工作体系等一系列举措，不断强化基层党组织的核心领导能力，全面夯实社区综合治理基础。“三社联动”完善社区治理结构，使上城区不断被赋予新的内涵，通过深化体制的创新，推动“三社”渗透融合，联动发展。鼓励和支持社会组织参与邻里互助，纠纷调解，安置帮教，平安创建等社区治理活动，充分激发社会组织和社会工作的活力，构建和完善了共建共治共享的社区治理格局。

6.2.2.1 社区环境提升

自 2015 年 10 月起，上城区启动馒头山地区综合整治工程，在 6 个月时间内造就了馒头山之变。昔日的馒头山社区面貌如图 6.24 所示。

(a)

(b)

图 6.24 昔日的馒头山社区面貌

(a) 昔日简陋住房；(b) 昔日私搭乱建

2017 年以来，南星街道派驻班子成员挂包重点项目，推动“全域化治理”持续开展，56 处 D 级危房全面消除，60 余套人才公寓陆续建成，100 余套在建。环境改善，公共晾衣架、微型消防站、智能充电桩、公共健身器材等 43 项民生工程持续完成，全社区万余居民受益，如图 6.25~ 图 6.27 所示。

图 6.25　馒头山街道整治前

图 6.26　馒头山街道整治中

图 6.27　馒头山街道整治后

社区进行了重新设计和改造，建成了集邻里菜场、邻里医院、邻里食堂、邻里客厅、邻里礼堂、邻里耆园、邻里居站、邻里义坊、邻里学院、邻里书吧、邻里沙龙、邻里乐园和邻里益家 13 项居民服务项目于一体的综合服务中心——馒头山邻里中心。中心占地约 $3000m^2$，建筑面积 $3240m^2$。

馒头山社区原来道路两边全是一些违章建筑，道路上空是一些蜘蛛网一样的电线。在整个整改的过程中，共拆迁违章建筑 600 多处，面积达到 30000 余平方米，整治危房和旧房达到 1000 多栋。现在全部进行了上改下，长度达到 25km。

馒头山铁路边上的一处旧民居，曾经经历过大火，墙面斑驳。在整个整改的过程中，对违章的建筑全部进行了拆除，刷白了墙面，翻新了砖瓦，建成了具有民族韵味的江南小院。燃气入户，方便居民的生活，如图 6.28~ 图 6.30 所示。

图 6.28　民居整治前

图 6.29　民居整治中

图 6.30　民居整治后

道路进行整治，道路拓宽，铺设沥青，现在变成一条林荫大道，如图 6.31~ 图 6.33 所示。

对 D 级危房进行拆除重建，当时居民家里没有单独的卫生间和厨房，现在通过拼厨接卫，燃气入户等一系列举措，建设了具有卫生间和厨房间的新房子。浙江省军区闲置的一些旧仓库，通过市场化的运作，进行了独立全新的设计和打造，形成馒头山的文创园区。馒头山共有 5 处文创园区，吸引了一些婚纱摄影制作专业团队的入驻，如图 6.34~ 图 6.36 所示。

图 6.31 道路整治前

图 6.32 道路整治中

图 6.33 道路整治后

图 6.34 仓库整治前

图 6.35 仓库整治中

图 6.36 仓库整治后

违章建筑拆除，对房屋进行整治，墙上绘制 3D 墙绘，展示馒头山居民的生活状态，如图 6.37 所示。

（a）

（b）

图 6.37 3D 墙绘

（a）墙绘—修车；（b）墙绘—昔日街景

馒头山邻里中心的前身，都是一些违章建筑和电线乱搭乱设，最多的时候有 300 多人在此居住，安全隐患严重，如图 6.38~ 图 6.40 所示。

馒头山居民区的一个垃圾填埋场，因地制宜，经过整治后成为馒头山公园，面积达到了 1.4 万平方米，如图 6.41 所示。

原来居民晾衣服都是随便拉一根线，公共环境比较差，现在建设了公共的晾衣架，并建设了24h的微型消防站、公共充电桩、公共健身设施等便民设施，极大地便利了生活。

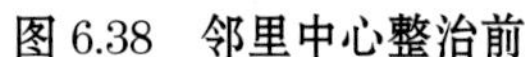

图 6.38　邻里中心整治前

图 6.39　邻里中心整治中

图 6.40　邻里中心整治后

（a）

（b）

图 6.41　整治后的馒头山填埋场

（a）馒头山公园入口；（b）馒头山公园内部

6.2.2.2　综合服务大厅打造

习近平总书记在十九大报告中提出“保证全体人民在共建共享发展中有更多获得感”。

街道在“三社联动推进协商共治”的基础上，融合“最多跑一次”的服务理念，探索出一条“南星3+X”的社区治理共同体之路，创新建成了精品服务的“馒头山邻里中心”，成为上城区深化社区治理、公共服务领域突破创新的金字招牌。在这里，以一厅迎客、一岗受理、一坊议事三个主体服务功能为支撑，如图6.42~图6.44所示，因地制宜整合社区X项为民服务为补充，构建了具有南星特色的“3+X”社区治理共同体，一厅迎客，迎民心，提升社区空间品质，党建做引领，民生为基准，把社区资源让利给百姓。让居民享受到公共空间的便利，也为一岗受理，一坊议事提供了可能性，通过立式触摸一体机，把社区提供的各项服务都录入到机器中去，并梳理了社区“最多跑一次”的服务清单，迎客厅就成为了居民了解社区事务，互相服务享受社会专业服务和政府公共服务的窗口，一岗受理，“办民事”提升社区服务品质，推行“百通岗”由”全能社工”为百姓提供，一站式受理和办理服务，实现“最多跑一次”在社区的落地。

图 6.42 迎客厅

图 6.43 百通岗

图 6.44 议事坊

在馒头山社区，“百通岗”通常由一至两名社区工作人员采用前台受理、后台处理的方式，为居民提供一站式服务，对于能立即处理的事项立即处理，如果遇到不能马上处理的事项，通过转交后台工作人员，在规定的时限内，由后台工作人员处理，并将结果反馈到居民。

一坊议事，“议民生”提升社区协商品质，通过设立“议事坊”为居民提供发言发声平台，引导居民参与社区议事、决策、执行和监督等，以达到“居民问题商量办，社区事务公共做”的自治效果。在议事坊，居民有任何需要解决的困难和难题，都可以通过社区牵头，邀请辖区居民、党员小组长、民情观察员、驻社区律师等多方人士参加，通过居民自主协商、民主决策的方式解决难题；在议事坊，每一个热心社会事务的居民都成了物业主任，在短短的 6 个月时间召开了 32 场议事会，通过民主协商解决了 55 项民生事务。“X”项服务，提升社区生活品质，有限空间，无限服务，结合社区实际，整合社区资源，建设老年食堂、社区卫生服务中心、农贸市场、文化礼堂、乐活家园等一系列特色服务空间，形成从饮食到医疗，从养老到休闲的一条龙民生综合服务保障体系。

通过“3+X”社区治理共同体的打造，完成了社区治理的空间再造、流程再造、体制再造、功能再造。空间再造，95% 的社区空间让利于百姓，布局更加合理；流程再造，对前台受理、后台流转的办事流程进行重构；体制再造，由党委、居委会、公共服务站三位一体转变成既职责明晰又有机融合的体制；功能再造，使公共服务走向主动服务。

目前，南星街道将该模式在全辖区范围内推广，为上城区建设生活品质标杆区注入新的理念和活力。各社区在一厅迎客、一岗受理、一坊议事三大服务功能的基础上，开创、挖掘自己的特色服务点，形成功能各异的多元化、本地化、精准化的“X”项配套服务，“3+X”社区治理共同体模式已在南星街道初见成效。政府治理与社会调节相结合，居民自治良性互动的关系更加密切，文明开放、多元共融的城市文化氛围日益彰显。

6.2.2.3 生活垃圾智能循环处理系统

2018 年，根据区委政府要求，在馒头山全面开展垃圾分类工作，通过前期摸底及入户调查，南星街道根据地理环境相对集中、居民稳定性较高等因素，在凤凰山脚路 215 号设立生活垃圾智能循环处理点，共计周边 500 户左右的居民进行试点工作，将辐射范围内的居民所产生的生活垃圾进行统一回收处理。

在集中处理点内通过自能生态处理的方式统一进行回收处理，通过油、渣、水分离将餐厨垃圾进行一次减量，再通过酵素制作，生态堆肥等方式，将餐厨垃圾进行无害化、资源化、循环化处理，利用智能回收箱将可回收垃圾进行回收，从而使小区的生活垃圾进行自行回收、自行处置、二次循环，达到生活垃圾智能循环处理系统的预期效益，进而实现其预期目标，如表 6.1 所示。

表 6.1 系统预期效益及目标

生活垃圾前端减量	通过餐厨智能处理器处理，将餐厨垃圾进行油、渣、水的分离，达到前端减量的效果；利用智能可回收箱，通过智能技术手段实施垃圾分类投放、回收
垃圾直运车零驶入	通过小区习性堆肥、分解、智能回收等手段将小区内的生活垃圾自我消化、自我处理、自我回收，直运车零驶入
生态处理循环利用	将小区内的餐厨垃圾通过智能机分解，制成各类肥料，为农作物种植或小区绿化施肥，形成生态循环
生活垃圾有偿回收	居民的生活垃圾可以兑换积分，居民可根据自己实际积分兑换相应等价的产品
生态环境有效改善	通过智能投放和回收，可有效减少填埋量，从而减少垃圾中有害成分通过农作物、水生生物或其他食物链进入空气、水源和土壤，大大减少环境污染

近年来，南星街道把握钱塘江金融港湾建设、拥江发展战略机遇，在推动山南基金小镇，南宋皇城小镇的强势发展的基础上，致力于群众百姓获得感、幸福感和安全感的提升。特别是通过实施馒头山综合整治工程，让当地实现了华丽蝶变，人民生活品质得到明显改善。

6.2.3 再生效果

上城区共有 5 个社区，每个社区都打造社区发展协会，它是由社区党委进行主导，又以居委会为代表的多方参与的组织，这块场地就是提供的协商场地，墙上展示的是协商规则、协商内容、协商流程等。当邻里有矛盾、居民有纠纷的时候，也会在这里为居民排忧解难，解除矛盾纠纷。

休闲斋主要的用途是为居民提供了聊天、看书的休闲场所。旁边有两个书架，上面的图书供居民进行借阅。旁边有一台电脑，电脑与杭州市图书馆进行联网，这样不必出去就可以实现借书还书了，如图 6.45 所示。

党委办公场地，可以办理党员关系的转入转出、缴纳党费等相关事项，墙上展示的照片是有一技之长的党员同志，起到了为公益事业奋斗的先锋模范作用。

养老服务中心，针对上城区南星街道空巢老人或者失智老人，由第三方社会组织进行承接，政府进行购买服务，场地和器械免费提供给他们，可以进行血压血糖检测，针灸按摩等。养老服务中心内部配备有按摩椅等治疗工具，拥有两个治疗室和休息室，同时还有一个重病室，相当于一个托老所的概念，如图 6.46 所示。一些家庭，孩子白天上班，老人可以白天在这里，晚上回去，免去这些家庭的后顾之忧。农贸市场为社区居民提供了一处购买蔬菜、水禽、农产品的地方，如图 6.47 所示。

社区卫生服务站有 250m^2，有两名全科医生，一名西医，一名中医。两名护士还有一名针灸推拿师为辖区的居民进行服务，可以做到小病不出社区，而且在社区卫生服务站看病比上医院看病的优惠力度要大，如图 6.48 所示。

文化园，是馒头山社区的多功能活动场地，委托第三方社会空间营造的社区组织。由政府进行购买服务，一年 20 万的费用，包括活动场地、空间的活动安排，另外，重大节日的活动安排也交由他们做，如图 6.49 所示。

街道里边的一些活动，也会放到馒头山文化礼堂举行，还会举行文化大讲堂，播放电影，包括每个月十五日的党的主题活动都在馒头山文化大礼堂举行，如图 6.50 所示。

图 6.45　休闲斋

图 6.46　养老服务中心

图 6.47　农贸市场

图 6.48　卫生服务站

图 6.49　活动场所

图 6.50　文化礼堂

6.3　北京菊儿胡同社区

6.3.1　项目概况

6.3.1.1　历史沿革

菊儿胡同历史悠久，明称局儿胡同，清乾隆时期称桔儿胡同，清末又谐音作菊儿胡同。胡同内历史文物遗存众多，其中三号、五号、七号是清光绪大臣荣禄的宅邸。三号是祠堂，五号是住宅，七号是花园。荣禄后迁至东厂胡同。七号做过阿富汗大使馆。四十一号原为寺庙。1965 年改菊儿胡同为交道口大街，“文革”中曾称为“大跃进八条”，后恢复今名，沿用菊儿胡同至今。

菊儿胡同地区位于北京市二环路以内东城区西北部，街坊总面积约8.28公顷，由菊儿胡同、南锣鼓巷和寿比胡同三个居委会管理。1987年，由吴良镛先生领导的清华城市规划教研组选定了菊儿胡同41号作为试点，研究北京旧城整治工作。整治后的菊儿胡同社区如图6.51所示。

图6.51 北京菊儿小区鸟瞰图

6.3.1.2 项目背景

城市化的进程随着经济水平的发展逐渐加快，传统院落式民居逐渐被多层和高层住宅取代，原有的街巷城市肌理遭到破坏，传统四合院中加建、私搭乱建情况严重，四合院变为了大杂院，建筑尺度逐渐丧失。从保护历史文化名城，解决旧城保护与城市化发展之间的矛盾的角度出发，吴良镛教授探寻了街巷尺度、合院尺度、建筑尺度，以菊儿胡同为试点，尝试从城市设计的角度解决住宅设计的问题，提出“新四合院”理论，利用菊儿胡同地区原有的建筑肌理，赋予其新的建筑形式，将多层住宅与传统院落相结合，传承既有的街巷尺度及建筑文化。

作为探索城市化进程中旧城保护方案的一个试点工程，菊儿胡同新四合院工程同时担负着旧城改造和改善住房环境两方面的重担。菊儿胡同也获得了1992年“世界人居奖”和“亚洲建筑师协会优秀建筑金奖”。

6.3.2 规划设计

6.3.2.1 规划原则

A 有机更新

有机更新着眼于每一个片区的更新，并采取适当的规模和合适的尺度，从实际改造内容与要求出发，力图使每一个片区的发展均具有较高的相对完整性；集无数完整之和，从而提升北京旧城的整体环境，达到有机更新的目的，维护古城整体风格与肌理，如图6.52所示。

为保护旧城区城市肌理，不破坏北京旧城的城市格局，菊儿胡同采用“肌理插入法”进行更新改造。这一理论由吴良镛院士在修复改造期间提出，即对四合院进行部分拆除，保留其基底肌理，在局部以旧代新，用多层建筑和院落组成的“新四合院”代替原有的传统四合院，如图6.53所示。

B“新四合院”理论

中国传统住宅注重伦理，充满人情味，重视邻里情谊。菊儿胡同社区的设计保留了中国传统院落住宅中注重邻里关系的精神内涵，新建建筑在借鉴了公寓式户型的设计保证私密性的同时，参照了老北京四合院的基底肌理，使布局错落有致。整个社区由功能较为完善的多层单元式住宅围合形成“基本院落”，构成了新四合院体系的基本要素。在保证私密性的基础上加设连接体和小跨院，与后面的传统四合院连成一体。

图 6.52 菊儿胡同现场施工图

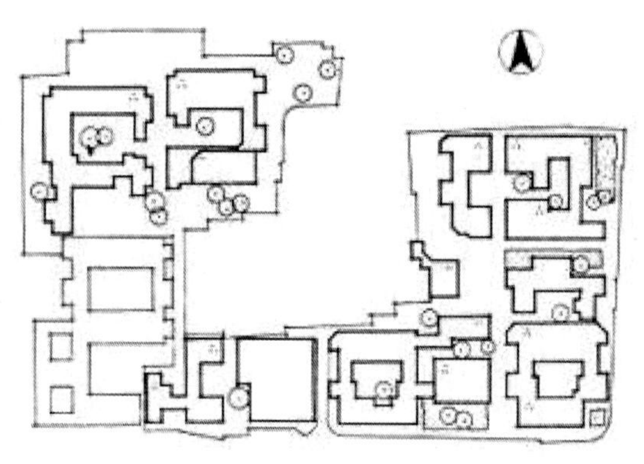

图 6.53 菊儿小区组团总平面图

新建菊儿小区的单元楼多为二至三层，少数可达四层。原四合院院落中的树木被保留下来，由这些新建的低层或多层单元楼围绕原有树木组成新的“类四合院”，结合新增的精心设计的绿化、景观小品，新的院落成为社区中的“公共客厅”。

改建过程中，为了强调传统庭院中“进”的概念，吴良镛先生采取了更多的进深数，并由此衍生出了新的院落形式。菊儿胡同小区借鉴了南方住宅“里弄”和北京胡同“鱼骨式”组织方式的特点，在北京传统四合院东西厢房的位置建造连接体和过街楼，连接东西方向的两个庭院；在南北方向采用步道连接不同进深的两个院落，整个建筑群四通八达，保证院落私密性的同时也解决了院落之间的交通问题，如图 6.54 所示。

(a)

(b)

图 6.54 菊儿小区“新四合院”细节

(a) 东西向“跨院”端部垂花门；(b)“类四合院”内景

6.3.2.2 项目规划

A 周边环境

菊儿胡同地区位于北京市二环路以内东城区西北部，鼓楼正东侧 600~1100m 处，街坊总面积约 8.28 公顷。

菊儿胡同东起交道口南大街，西至南锣鼓巷，南邻后圆恩寺胡同，北与寿比胡同相通。胡同全长 438m，宽 6m，沥青路面。

菊儿胡同西侧是南锣古巷，为北京著名的特色街区。南锣古巷始建于元朝，迄今已有700余年的历史。由南锣鼓巷向东西两侧分出许多特色迥异的胡同，胡同内分布着众多的名人故居，特色商铺林立，熙熙攘攘，十分热闹。但进入菊儿胡同就突然安静下来，老北京居住片区悠闲安静的氛围不多时就凸显出来，如图6.55所示。

(a)

(b)

图6.55　菊儿胡同周边环境

(a)南锣鼓巷与菊儿胡同交界处环境一；(b)南锣鼓巷与菊儿胡同交界处环境二

B　业态分布

菊儿胡同地区以居住区为主,通常所言的“菊儿胡同”实际上便是胡同内的菊儿小区。因菊儿胡同西与南锣鼓巷相交，部分商店、餐厅延伸至菊儿胡同东行入口处，但只有零星几家，未对胡同内居住环境造成过大影响，如图6.56所示。

寿比胡同东侧为北京一轻研究所驻地，内有北京东城区保护文物——荣禄府西洋楼。该建筑现被私营公司企业租赁作为办公场所。再往东便是荣禄府遗址,原宅院已荡然无存,仅有“旧宅院”的铭刻、荣禄府邸的文字说明能够解说这片区域曾经繁华的样子,如图6.57所示。

图6.56　南锣鼓巷与菊儿胡同交界处餐饮店

图6.57　荣禄府“西洋楼”

菊儿胡同与交道口大街相交处有公厕等公共基础设施，也有几处餐饮营业场所，但菊儿胡同整体环境以居住区为主，业态环境较为单一。

C　道路规划

菊儿胡同东起交道口南大街，西至南锣鼓巷，南邻后圆恩寺胡同，北与寿比胡同相通。南锣鼓巷有地铁 6 号线可直达，是主要的商业步行街，人流较多，车流几乎没有。菊儿胡同宽度约为 6m，规划车位多位于路边，且车辆较多，导致通行较为不畅。人流量较大的特定时间段内，如上下学和上下班高峰时，交通拥堵的现象更加严重。

D　景观规划

菊儿胡同地区景观分为胡同景观和菊儿小区景观两部分。因菊儿胡同宽度约为 6m，绿化过多会导致交通空间变少，原本已经拥堵的胡同会更加难以通行，因此胡同景观多以绿化盆景为主，靠近南锣鼓巷景区的部分绿化比较充分，且有小型的景观小品，小品多展出的是胡同文化与胡同建筑相关的文物，如抱鼓石。

菊儿小区内景观主要以院落形式体现。在设计建造菊儿小区时所采用的“肌理插入法”尽可能维持了原有四合院的肌理，因此“楼房四合院”之间，在一棵棵树冠伸展、绿叶葱茏的树木庇荫下，建筑与树木围合成景观优美的院落。从菊儿胡同越往里走，院落越深，越显幽静。菊儿小区内部除花池外还有部分铺装，铺装与中国传统文化“福禄寿”的美好祈愿相吻合，结合部分中国传统的透窗，为院落带来了古朴的气息；此外爬山虎等藤蔓植物与住宅以共生的方式存在，灰瓦白墙与绿植相映成趣，也为菊儿胡同的景观增添了一份特色，如图 6.58 所示。

(a)

(b)

(c)

(d)

（e）

（f）

图 6.58　菊儿小区景观规划组图

（a）抱鼓石景观；（b）胡同内花池；（c）“新”四合院；（d）院落内透窗；
（e）小区内“福禄寿”铺地；（f）藤蔓绿植与建筑共存

E　建筑风格

菊儿胡同社区的建筑设计体现出设计者的匠心巧思。建筑形式方面，利用退台形成屋顶平台及阁楼，弱化了由于建筑层数较多形成的较大建筑体量，与周围建筑、环境更好地融为一体，退台空间也形成了凹凸错落的建筑空间，可作为空中花园，为居住者提供了多种丰富居住空间的方式；楼梯间和过廊都为开敞式，位于单元式住宅楼的两端，形成虚实相间的建筑形态，人的行为动线成为建筑灵动的要素；院落节点、住宅楼入口等节点以灰空间的形式实现了建筑室内外空间的过渡,形成了多样化的建筑空间形态。屋顶处理方面，平屋顶与坡屋顶交相辉映，既维持了现代建筑应有的建筑形式，又不失传统四合院的坡屋顶风貌，如图 6.59、图 6.60 所示。

图 6.59　菊儿小区内建筑坡屋面

图 6.60　菊儿小区内建筑露台

在选择建筑用色上，则是遵循了北京传统四合院的配色，灰瓦粉墙，局部以暗红色点缀，表达建筑群谦逊的态度，又不乏活力。同时它和顶层的阳光屋告诉人们这是现代的产物。建筑群整体配色有着皇城脚下的大气严整，与老北京城的建筑肌理又有机统一，包含了传统的历史文脉和多彩的文化内涵，如图 6.61、图 6.62 所示。

图 6.61 暗红色建筑檐口

图 6.62 暗红色楼梯栏杆

在菊儿胡同社区的新型四合院内不乏精致的小品构件，既有精巧美观的中式石鼓也有别具韵味的西方铁艺。小品风格古朴，多用灰色，依旧赋予每座建筑独特的风貌。

F 标识系统

菊儿胡同的标识系统主要是菊儿胡同名称及门牌号，以及部分文物的标识。菊儿胡同铭牌采用了铜质印刷，古色古香。文物标识则采用石刻方式，仿佛历史悠久，历经沧桑，如图 6.63 所示。

(a)

(b)

图 6.63 菊儿胡同标识系统

(a) 菊儿胡同标识牌；(b) 文物标识

6.3.3 再生效果

6.3.3.1 城市肌理

菊儿胡同在北京城内，大环境是中国古老的都城，历史悠久，文化背景丰富；建筑方面是富有特色的四合院民居，二者相辅相成。许多人高度评价“菊儿胡同”，是因为它与周边背景胡同肌理的和谐统一。

在菊儿胡同社区中，单元式住宅组成的院落成为基本的建筑要素，新建建筑通过采用与周边建筑相似的色彩、相近的屋顶制式，以及沿用原有建筑的基座位置，不破坏原有建筑肌理的方式，与既有四合院建筑融为一体。

6.3.3.2 后设计思路

菊儿胡同随着使用年限的增长，一些问题也逐渐显现出来。内院保留原四合院内植物，遮挡部分阳光，造成内院阳光不甚充足，住宅居室内无法获得足够日照；内院进深较小，一定程度上干扰了前后住户的生活私密性。

从维系邻里情谊角度出发设计的公共空间，如过廊和庭院，存在很多私搭乱建的问题，影响建筑群整体风貌；因建筑群东西、南北向均连接不同院落，管理较为困难，存在较多监控死角，居民生活受到影响。

菊儿胡同危改小区是北京旧城改造的一次尝试，虽其已成为一个孤本，但“有机更新”、“类四合院”的设计思路仍是值得设计师们研究的。

7 老工业区规划设计解析

7.1 昆明 871 文化创意工场

7.1.1 项目概况

昆明 871 文化创意工场位于春城昆明(区号 0871)北市区龙泉路 871 号,背靠长虫山,面向植物园，与龙泉路、丰源路相连，紧邻西北三环和西北绕城高速，周边有昆明植物园、黑龙潭公园、长虫山森林公园、云南珠宝玉器城、云南野生动物园、金陵公园和世博园等风景名胜区，与正在开发的龙泉古镇一路之隔，这里汇聚了大量政府机构、企事业单位、学校和住宅小区。区位优势尤其明显。

昆明 871 文化创意工场的前身是有着 60 多年历史的昆明重工，占地面积约 871 亩。根据史料记载，清朝末年建成的云南龙云局和劝工总局，几经沿革，历经云南五金厂、云南矿山机械厂，后并入于 1958 年始建的云南重型机器厂，即昆重的前身。此后 60 多年间，昆重逐渐发展成为全国“八小重工”之首，创造了众多全国重型机器之最，写下了振奋人心的光辉篇章，如图 7.1 所示。

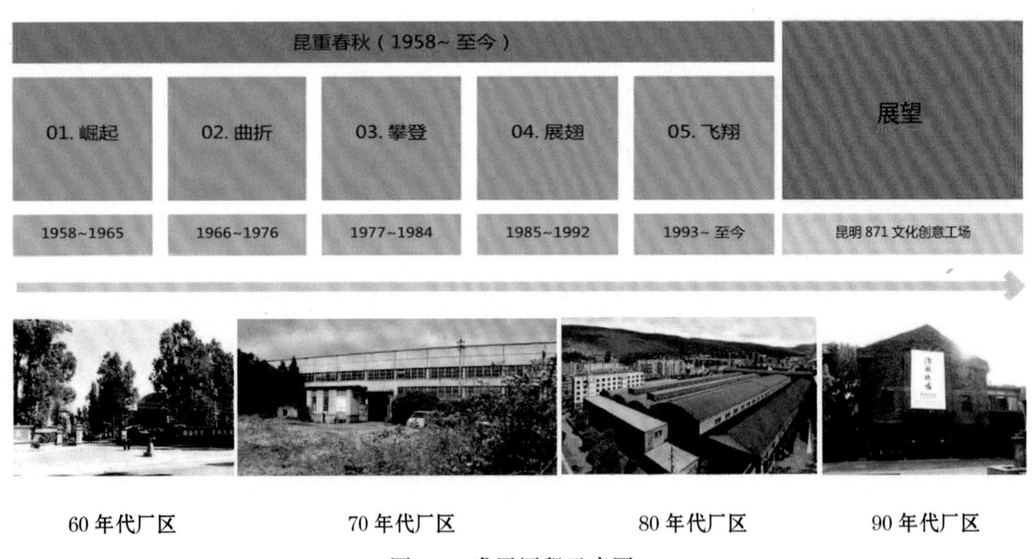

图 7.1 发展历程示意图

云南享有“有色金属王国”美誉，可以说云南民族工业史就是一部冶金发展史，云南有色金属矿产资源丰富，在中国人心中有“矿业王国”之称。抗战时期重机厂成为国之重器，具有重要的历史意义，新中国成立后，重机厂为云南的城市建设及西南地区的开发做出了重大贡献。重机厂建筑结构完整，立面完好，具有强烈的工业风格，还有大型机械、模具、零件等机器设备都具有保护利用价值。昆明重工在云南工业发展历程中非常具有代表性，以全国劳模、优秀共产党员耿家盛，父子劳模、兄弟名匠为代表的大国工匠群体，凝集所有工人们伟大的敬业精神、奉献精神，承载着几代人对往昔工业时代的记忆和情怀。

7.1.2 规划设计

7.1.2.1 公共区域概念设计

871 文化创意工场项目充分尊重企业原有的历史文脉及工业特质，在工业 + 文化的后工业时代，紧紧抓住云南建设“民族团结进步的示范区、生态文明建设的排头兵、面向南亚、东南亚的辐射中心”的战略机遇，以互联网 + “创意 + 工业 + 生态 + 民族 + 旅游”的综合发展模式，将项目打造成文化创意产业园区综合体，展现昆明印象、七彩云南，成为辐射南亚、东南亚地区“做客云南”的“春城大厅”。其目标为：其一，将传统旧工业厂区改造成新兴创意产业片区；其二，打造拥有歌舞演艺、文化休闲及昆明形象展示的“春城大厅”；其三，见证工业发展史的工业遗址博物馆；其四，将 871 做成融合“彩云之南”和“昆明印象”的城市名片；其五，成为环境友好、可持续发展的绿色人文生态社区；其六，能够聚集各种资源，提供贴身服务的新型创新型平台；其七，能够在西南地区城市有机更新中起到示范作用；其八，在西南地区建设文创中心区能够辐射南亚、东南亚，如图 7.2 所示。

图 7.2 综合开发模式

将其建设成为一个创意生活综合体验平台；记忆昆明（过去）、印象昆明（现在）和文化昆明（未来）的文化产业聚集示范园区；引领昆明人未来生活的体验高地（旨在打造创意生活综合体）；昆明北部特色的工业 + 生态 + 民族的文化旅游胜地；辐射南亚、东南亚的文化创意中心。具体战略定位包括：提升工业遗址的价值，形成差异化优势，创意 871、舞动多彩云南。项目将以怀旧主题区、当代主题区、未来主题区三大功能主题区打造不同风格多样业态，创造出“创意 + 工业 + 生态 + 民族 + 旅游”合五为一综合发展模式的文化产业聚集综合体，展现昆明印象、七彩云南，面向南亚、东南亚辐射的“春城大厅”。

创新 871 后工业时代主题会展产业：联合昆明报业传媒集团,利用现代新闻传媒手段，打造机器人体验馆，拓展现代出版发行印刷业务以及每年200场次以上的文化活动；郑和船队博览馆入驻园区；突出云南昆明及南亚东南亚地区多民族多元文化结合，昆明文化与871后工业文明相结合、年度南博会昆交会与常设会展结合，“金木土石布”民族民间工艺品业与云南艺术学院校企合作，以一城一家为核心，形成辐射南亚、东南亚地区的文化创意中心，如图7.3所示。

图7.3　工业遗址博物馆

7.1.2.2　建设春城大厅

打造871民族文化艺术演艺产业：建立杨丽萍艺术园，文化艺术产业发展中突出的表现形式为演唱会和舞蹈表演，在云南发展尤为突出的是以杨丽萍为品牌的云南映像歌舞演艺；文化艺术培训业是将文化艺术知识作为教育资源，对儿童、青少年、青年乃至老年人群进行教育培训；影视艺术是以演出的创作、表演、消费及经纪代理、艺术表演场地等配套服务构成的产业体系，通过影视拍摄、制作、发行、销售、电影（网络）院线放映等一系列过程形成产业，其中包括影视经纪代理、影视保险、影视周边商业、影视宣传等下游产业，如图7.4所示。

图7.4　春城大厅

7.1.2.3　创意昆明24h活力生态圈

创意871生活产业：打造昆明夜色，北市区不夜城文化，创意假日集市、文化艺术酒店，创意文化休闲生活空间、艺术工作室，创意办公、教育培训、亲子体验活动，创意汽车文化体验、休闲娱乐文化康养体验，如图 7.5 所示。

图 7.5 活力生态圈

7.1.2.4 汽车文化沙龙

每周都举行一个主题品牌汽车展览，建立汽车都市陈列馆，模拟最新的驾驶系统，让游客可以亲身进行体验，畅游未来汽车世界。游客还可以试乘驾车漫游各个会馆。以此建成具有云南特色的汽车文化体验中心。

7.1.2.5 文化旅游产业

建立房车聚散基地，辐射省内外，面向东南亚走出去；建立 871 游客中心，建设昆明 VR 地标、时空隧道 VR 乐园、穿越时空隧道；黑龙潭公园、昆明植物园、林科院树木园、昆明瀑布公园、长虫山森林公园五园合一，构成昆明北部一日游。

7.1.2.6 核心区域概念设计

昆明 871 文化创意工场中心园区现状：主要有三个厂房，即水压车间、热处理车间、设备 维修车间等。三个厂房体现不同时期的建筑风格，如图 7.6 所示，建议保留，对局部由于建筑年代久远破损处进行维修。周边环境质量相对较差，如图 7.7 所示。除此之外，还有一处停车场，目前作为对外接待的停车区域。一处广场，名为“重生广场”，作为重大活动的举办场地。

针对中心园区的实际情况，做出以下设计：三个厂房予以保留，边上的配套建筑适当进行拆除，满足将来建筑改造消防的要求以及立面的完整打造。在建筑的顶部加建太阳能光伏板，此光伏板为 871 创意工场自主研发，对建筑的节能环保起到示范作用，如图 7.8、图 7.9 所示。

（a）

（b）

（c）

图 7.6　厂房建筑风格

（a）水压车间；（b）热处理车间；（c）设备维修车间

（a）

（b）

（c）

图 7.7　周边环境

（a）水压车间与热处理车间之间；（b）设备维修车间旁；（c）重生广场

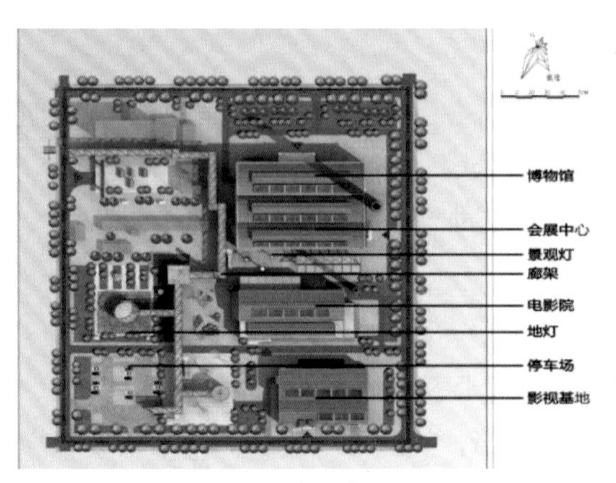

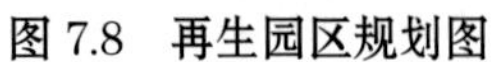

图 7.8　再生园区规划图

图 7.9　再生园区鸟瞰图

7.1.3　再生效果

昆明 871 创意工场标志物的打造，承载了该地区发展演变的记忆，逐渐成为地区凝聚力的载体，也是体现区域特色的象征。对区域环境中标志物的研究，对环境品质的营造具有重要的意义。标志物是区域环境中文化因素在空间中的具象表现，它出现的形式有构筑物、历史性建筑、景观雕塑、自然景物等。

整个园区的串联考虑到传统工业的形式，大型钢架做成步行廊道，人们步行其中感受工业的文明以及时代变迁。对于再生园区的打造，为了吸引人气，通过灯光的梦幻组合，突出园区的核心区域，以一传十、十传百的效应，把 871 文化产业核心园区的特色，迅速传播开去。

在此次再生利用改造中，特别对夜景的打造进行考虑，使得中间花园的梦幻灯光，五彩斑斓，广场上的特色灯饰既可在白天作为景观小景，又可在夜间通过五彩霓虹灯的渲染，与老建筑一软一硬，相得益彰。同时，增加架空的景观廊道，使得景观廊道贯穿园区，让游客漫步在园区半空之中，从不同的角度感受旧工业园区的魅力。另外，廊道上还设置景观展台，让游客在廊架上有集散的空间，更有场景细细品味园区的景色。烟筒的打造通过灯光秀的变化进行塑造，形成地标。可吸引远处观众的注意力。在重大活动时，围绕烟筒举行活动，更具有观赏感。

在旧工业园区建筑的改造过程中，工业建筑的视觉设计是十分重要的组成部分，在对工业建筑进行视觉设计的时候，应该对原有工业建筑的设备工艺流程熟悉。在对原有建筑结构充分了解和尊重的基础上，选择合理的构造方式，对材料的特性进行充分的展示，熟练运用各种设计技巧创造出既绿色又美观的建筑形态。871 工业厂房的设计，保留主体框架，建筑表皮尽量保留，新建墙体宜采用厂房本身的原表皮。按照规划的相关要求：水压车间改造为博物馆和会展中心，热处理车间改造成电影院，设备维修车间改造成影视基地。

7.1.3.1 博物馆与会展中心

博物馆与会展中心，总建筑面积为 10346m^2，改造充分利用现状，对既有空间进行高效的利用，如图 7.10、图 7.11 所示。

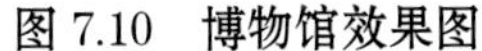

图 7.10 博物馆效果图

图 7.11 博物馆立面

博物馆的入口兼具工业建筑的厚重感、沧桑感，同时设计独特的造型，赋予博物馆以时尚感。博物馆的一层，让人心生敬畏的水压机等大型机器作为镇馆之宝，水压机位置不做变动，可以让游客更好地理解昆重集团的工匠精神与那些奋斗过的艰苦岁月。中间做通高处理，气势恢宏，游客可以在二层俯视水压机，使得其更全方位地呈现在游客的面前。

会展中心的入口设计采用大面积玻璃装饰，既符合会展中心的现代感，又能与工业建筑形成视觉对比。会展中心共设两层，一层进行大空间的处理，满足各类展商的需求。二层中间架空，特设空中廊道，游客可以在空间廊道全方位俯瞰下方，使视觉更为饱满空间更为丰富。水压车间西侧，作为办公和小商业配套区域，很好地满足博物馆和展览馆的功能需求。

7.1.3.2 电影院

热处理车间改造成电影院，总建筑面积为5550m^2。设计时，尽量保存现有结构，对现状办公空间充分加以利用，如图7.12、图7.13所示。

内部空间进行合理分割，现有框架进行有效保留，由于电影院是相对封闭的空间，所以在外部立面进行保留的情况下，内部再做墙体，使得建筑功能得到满足的同时，旧工业建筑特有的味道依然留存。

立面改造当中，尽量保护工业建筑的表皮，通过不同的设计手法，反映建筑功能，立面部分窗户进行封闭处理，让观众有良好的观影体验。

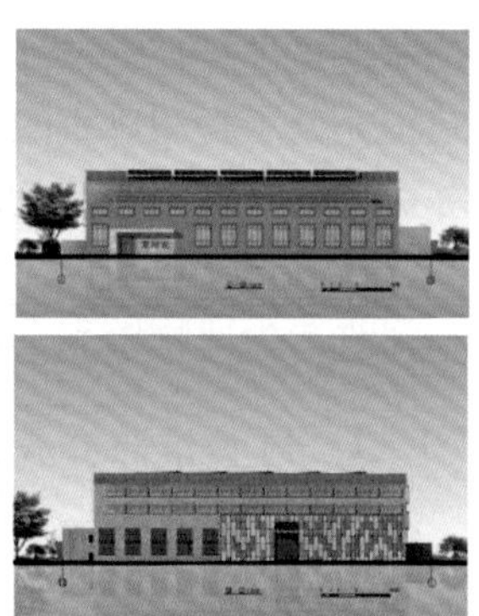

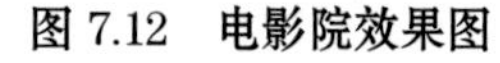

图7.12 电影院效果图

图7.13 电影院立面

7.1.3.3 影视基地

设备维修车间改造为影视基地，总建筑面积为3858m^2，局部两层，通高区域为演员演出中心，以及观众体验中心。设备维修车间的改造充分利用现状，现状办公区域加以有效利用，还作为办公区域，新加卫生间。

建筑内部满足功能的同时，尽量留住工业的特色，建筑内部的吊车进行保留，廊架采用铁艺制作，突出工业建筑感、体量感和质感，打造出一种新建筑无法比拟的氛围感受，如图7.14、图7.15所示。

图7.14 影视基地效果图

图7.15 影视基地立面

立面的设计、布置具有艺术性、变化感，正立面的字母加小构件，丰富立面造型，又不失对原有建筑的保护。采用工业生产中的一些构件，进行有效利用，对建筑墙体进行装饰。门头的制作，主次分明，造型挺拔，与工业建筑的表皮形成对比，但又不影响整个建筑的工业感。

7.2　陕西钢厂的重构再生

西安建筑科技大学华清学院，位于西安市幸福南路 109 号，它的前身是陕西钢厂。1956 年，位于西安二环东南角的陕西钢厂成立，1965 年陕西钢厂投产使用，年产在 50 万 ~60 万吨钢，属于中型企业，占地面积为 900 多亩、建筑面积近 20 万平方米。陕西钢厂为我国的国防事业和西安的经济发展做出了突出贡献。随着时代的发展，在 20 世纪末，大量的钢厂濒临倒闭，陕西钢厂也不例外，不可避免地陷入衰败的境地，2001 年破产。同年，西安建筑科技大学策划收购陕西钢厂作为其第二校区，即今天的华清学院。

7.2.1　项目概况

陕西钢厂原来是全国十大特钢企业之一，在 20 世纪 80 年代中期达到顶峰。90 年代，随着国家产业结构的调整，陕西钢厂经济效益日渐衰退。从 1998 年到 2001 年，企业的生产逐渐停止，工人下岗，厂区日益萧条，大量的土地、建筑被废弃和闲置。如何进行功能置换，使得土地效益得到较好的发挥，是摆在人们面前的一个重要课题。

陕西钢厂厂区可以分为三部分，办公、生活区位于厂区的西部，生产区位于中部，仓库区位于东部。厂区的南部分是办公区，原有的建筑功能为厂办公楼、计算机站、公安处、食堂。北侧的生活区，有汽车库、动力办公、食堂、后勤等功能。生产区位于中部，主要为大型的厂房，当时的车间有轧钢车间、拉丝车间和酸洗车间。仓库区位于厂区东侧，现在个别仓库暂时作为省建六公司遗留建筑材料的仓储用房。

厂房建筑质量较好，结构稳固，空间跨度较大，可利用性强，可以用作购物中心、展览馆、博物馆等大型商业文化设施的建设。原厂区主要生产特种钢，厂区道路的设计施工维护程度高，保存较好。行道树以法桐和大叶女贞居多，由于栽植较早，很多树已经生长多年，枝繁叶茂，为用地提供了良好的景观生态价值。改造前建筑照片如图 7.16 ~ 图 7.19 所示。

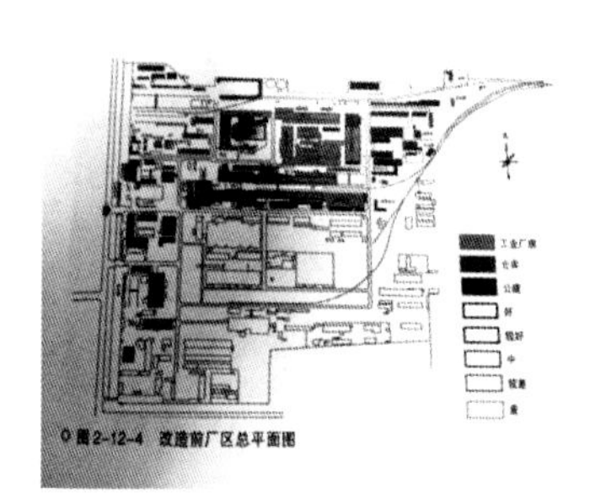

图 7.16　改造前总平面图

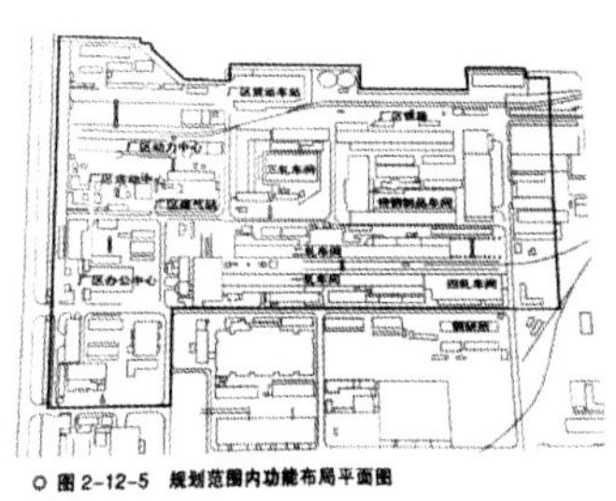

图 7.17　功能布局平面图

图 7.18　改造前建筑

(a)

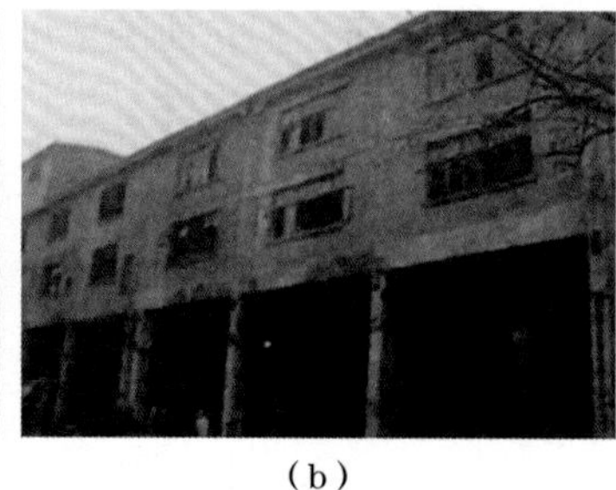
(b)

(c)

图 7.19 改造前工业建筑

(a)原二轧车间机修车间；(b)原煤气发生站；(c)原一轧车间加热炉附跨

厂区的建筑结构保存较好，保留价值突出并具有改造再利用的潜力。不过，由于长时间的工业生产和不当维护，其出现了一定程度的破损情况。主要表现为：地面破坏严重，无地坪材料、防水材料铺设；墙面污染严重，外墙出现一定程度的残破损坏痕迹；门窗残破、锈蚀情况严重；屋面防水材料出现老化，导致渗漏；厂房内部屋中屋部分坍塌，残破不全。

7.2.2 规划设计

7.2.2.1 教学楼

华清学院一号、二号教学楼是原来的两个轧钢车间通过室内空间加层改造而成的二层教学楼。原有车间的梁柱构架和屋架作为框架予以保留，高大的牛腿柱形成教室外走廊，符合教育建筑的功能要求。内部加建两层教学及办公用房，分段并错落排布，间隔处安排门厅和楼梯。教学楼外立面设计采用大面积的钢窗和彩色窗棂幕墙来分割，如图 7.20 所示，这样既保证了教室内采光充足，又没有失去工业建筑的味道。

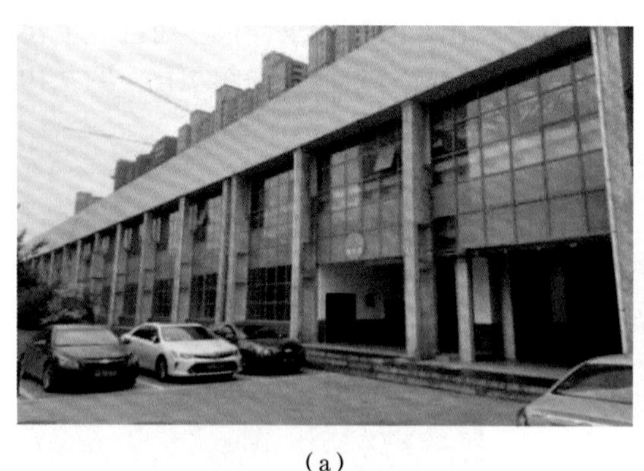
(a)

(b)

图 7.20 教学楼改造

(a)外侧；(b)内侧

7.2.2.2 学生餐厅

陕西钢厂煤气发生站的一栋三层厂房和一栋单层厂房改造成学生餐厅。建筑之间的两端通过新建回廊连接，中庭部位形成采光天井。在餐厅的主入口处设置明框玻璃幕墙增大采光面积。通过设计，使得整个建筑简洁、造型时尚，室内就餐环境舒适，交通流线明确，如图 7.21 所示。

（a）

（b）

图 7.21 学生餐厅改造

（a）主入口；（b）侧入口

7.2.2.3 大学生活动中心

陕西钢厂二轧车间的机修车间厂房改造成大学生活动中心，如图 7.22 所示，建筑结构和内部空间进行保留，对厂房立面进行改造。建筑保留了原工业厂房的外观，增加明框铝合金玻璃幕墙加大采光面积，改善大学生活动中心的外观立面。

（a）

（b）

（c）

图 7.22 大学生活动中心改造

（a）主立面；（b）侧立面；（c）室内空间

7.2.2.4 图书馆

陕西钢厂一轧车间改造成图书馆，是通过对其内部进行灵活划分改造而成的，如图 7.23 所示。室内部分通过钢结构进行加层，增加使用面积，部分空间保持原厂房结构的高度。入口门厅和主阅览室为通高形式，建筑西侧划分上下两层，为电子检索、现刊阅览和办公库房，由门厅台阶和建筑南立面外挂钢架楼梯联系垂直交通。厂房原有屋顶有侧向天窗，这为图书馆提供充足采光，并避免阳光直射。

（a）

（b）

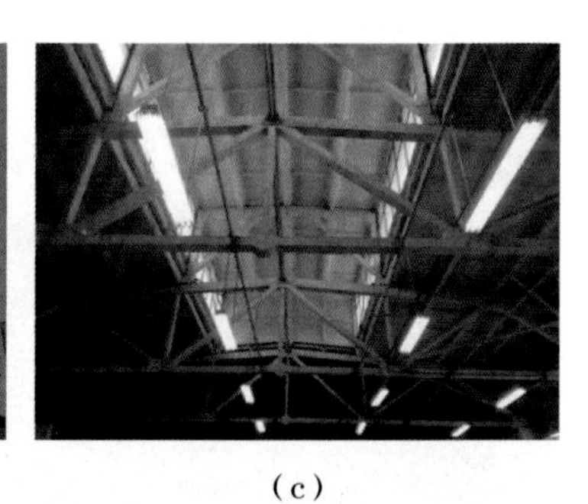
（c）

图 7.23 图书馆改造

（a）入口；（b）门厅；（c）室内空间

7.2.3 再生效果

7.2.3.1 建筑小品

陕西钢厂留下的构筑物，如烟囱、水塔、贮料池等在景观设计中起到了举足轻重的作用。原有的废弃烟囱进行保留，在道路和建筑适当位置增加指示牌，对工业历史进行阐述，是校区记忆的触发点。通过对建筑物的再生设计，设置不同样式的楼梯，满足不同建筑的使用功能，不但满足了消防疏散的要求，同时也丰富了建筑的立面，形成了较好的视觉感受，如图 7.24 所示。

（a）

（b）

图 7.24 建筑小品

（a）增设的室外楼梯；（b）保留下来的烟囱

7.2.3.2　景观小品

利用原有的工业遗迹进行景观的重新设计，牛腿柱的有规律的排布，形成韵律十足的工业美感，工业气质十足的排风机，在草坪中显出异样的美感；巨大的工业齿轮，伫立于广场之上，为工业元素更增一抹艳丽的色彩，如图 7.25 所示。

（a）

（b）

（c）

图 7.25　景观小品

（a）牛腿柱；（b）排风机；（c）铸铁齿轮

7.2.3.3　路网和行道树的保留

原有的道路进行保留，现在主要为机动车道。对园区内的步行交通进行增强；园区入口广场及停车场位于园区的西面。原有大型树木进行保留，同时做必要的绿化，营造优美的教学环境；在室外的空闲位置，设置小型广场、绿地、建筑小品等，丰富校园景观。注重对人性化的公共交往空间的打造；对基础设施进行完善和改进，并配置标牌、指示牌、说明栏等相应的管理设施，如图 7.26 所示。

（a）

（b）

图 7.26　校园绿化环境

（a）保留下来的法桐；（b）新增绿地

7.2.3.4 华清城市记忆博物馆

对于每个人来说，对城市的感触都来自于生活中的点点滴滴，这些感受都附着在时间之上。无论现在的城市是怎样的，对城市的记忆是否完整，华清城市记忆博物馆可以通过不同的线索将这些记忆碎片连接起来，编织出你对城市的记忆。华清城市记忆博物馆，连接那些几乎已经消失、甚至不再被提起的记忆，以时间为原料，搭建起一个有关城市记忆的“时间建筑”，如图 7.27 所示。

图 7.27 华清城市记忆博物馆

（a）博物馆入口；（b）碗盘盆（1949~1980）；（c）博物馆内部空间；（d）内部空间屋架；（e）器皿展示区（一）；（f）器皿展示区（二）；（g）博物馆一角（一）；（h）博物馆一角（二）；（i）博物馆内家具

7.2.3.5 钢厂印迹

“钢厂印迹”主题馆位于华清学院 7 号楼，由原包装车间改造而成，该车间始建于 1965 年，为钢筋混凝土排架结构，于 2015 年 1 月改造完成。它所展示的就是一次精神文化的物态载体转换，尊重原有的场所精神，引发人们的怀旧思念与感情。曾经，作为全国重点特钢企业之一的陕西钢厂，用44年的奋斗为社会留下了一笔宝贵的精神遗产。而今天，“钢厂印迹”主题馆正是通过对陕钢历史文化的挖掘、整理和归纳，将一段记忆和精神融进当代人的躯体和血脉中，将这份历史文化遗产发扬光大，如图7.28所示。

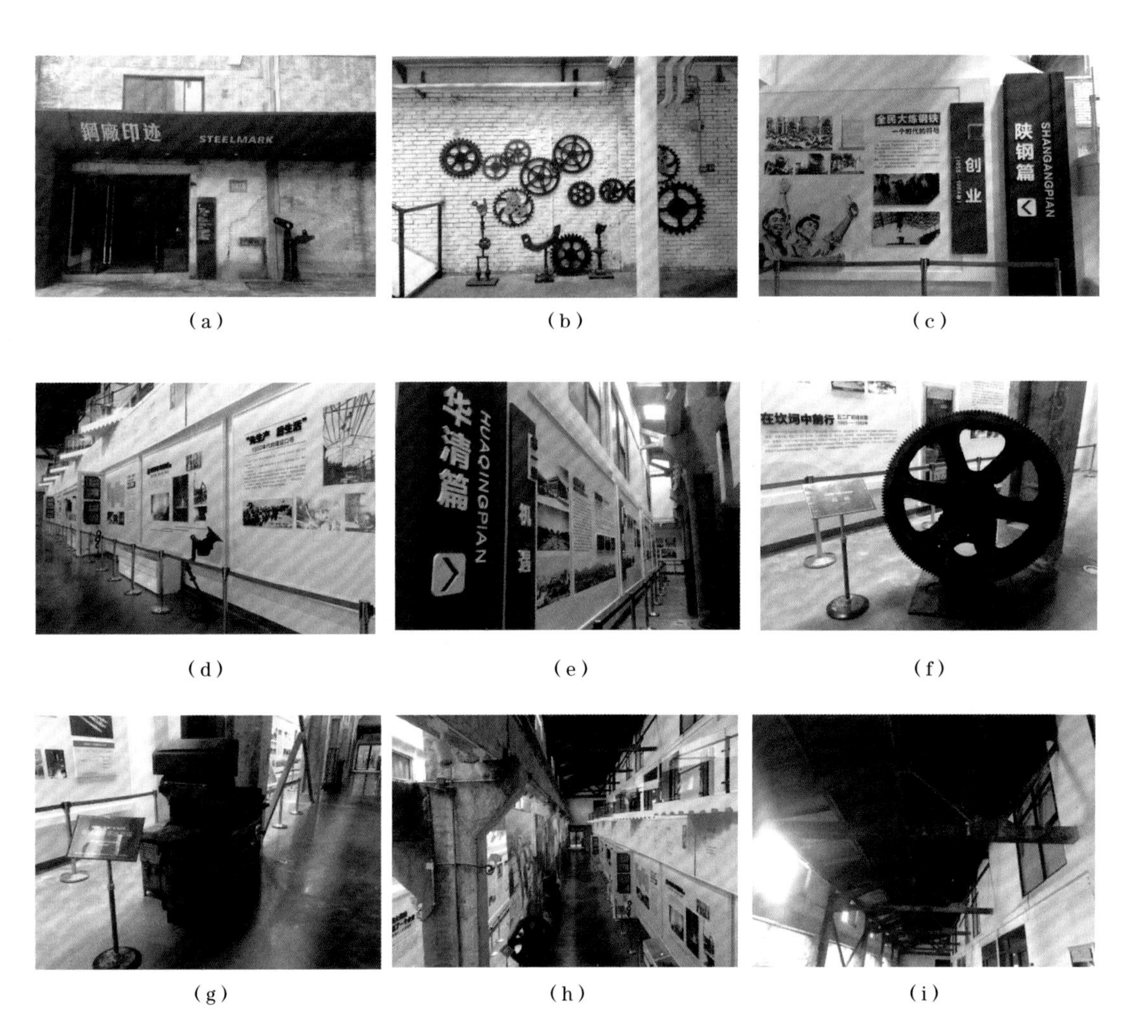

(a)　(b)　(c)

(d)　(e)　(f)

(g)　(h)　(i)

图7.28　华清钢厂印记

(a) 展馆入口；(b) 墙壁展示；(c)“陕钢”历程；(d) 展馆墙壁展示；(e)“华清”历程；(f) 齿轮；(g) 卧轴距台平面磨床；(h)“钢厂印迹”俯视；(i) 屋架

7.3　杭州之江文化创意园

7.3.1　项目概况

杭州之江文化创意园原址为双流水泥厂，位于杭州之江国家旅游度假区转塘街道创意路1号。之江文化创意园又名凤凰·创意国际，占地328亩，在产业转型升级的大环境背景下，2007年底启动改造，2008年4月7日开园启用，如图7.29所示。

西湖区（之江度假区）与中国美术学院联合申报，园区被认定为中国美术学院国家大学科技（创意）园，园区规模扩大至2351亩，包含凤凰·创意国际、凤凰大厦、象山艺术公社等项目。园区先后被评为国家知识产权试点园、国家高校学生科技创业实习基地、国家级科技企业孵化器等多个国家级创新创业产业基地。

7.3.1.1　历史解读

双流水泥厂建于20世纪70年代，东、西、南三面群山环抱，北侧通过一条峡谷与城市相连，如图7.30所示。到20世纪90年代，它已发展成为一家水泥厂，拥有三条机械水泥生产线，年产量超过5万吨。它是转运池区最早、规模最大的水泥厂之一，在杭州及周边地区享有盛誉。然而，由于水泥生产造成的环境问题以及高能耗和高污染的负面影响，城市的空气和环境质量受到影响。

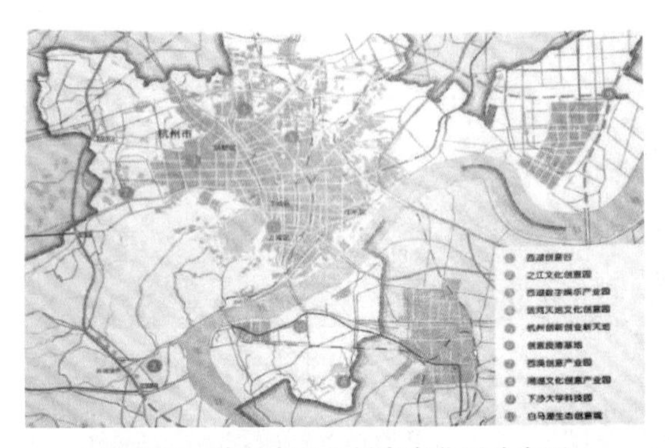

图7.29　杭州市文化创意产业园分布图

图7.30　凤凰创意产业园在杭州的位置

7.3.1.2　场所特征

在生产过程中，水泥厂需要储存大量松散物料，如碎石灰石、水泥原料、水泥熟料、水泥制品、煤粉和磨碎的矿渣。由于静态设计的优点，用钢筋混凝土或预应力混凝土建造的筒仓被水泥厂广泛使用。工厂停产以后，厂区内保留了6组外形高大的筒仓类建筑——熟料房和生料房，以及厂区生活区的附属用房。水泥厂工业遗址改造前后对比如图7.31所示。

厂区三面被山体围合，其中一面山体为废弃矿区。场地内超大尺度的桶状形体的建、构筑物，加上周边绿色山体和废弃矿区的地理环境赋予了场地特殊的气质，它具有后现代美学特征，具有强大的视觉冲击力和震撼力。美丽的自然环境和水泥厂的工业现场相互映衬，使这个地方的环境具有独特的魅力。

7.3.1.3　区位优势

园区的资源和优势非常明显，首先，园区坐落在“之江国家旅游度假区”内，紧邻风景区，三面环山，空气纯净，并且交通便利；其次，中国美术学院和浙江工业大学等高校有很多人才优势，可以为园区人民提供源源不断的专业人才；第三，国际化的产业定位，使园区一开始就建立在国际高起点基础之上。

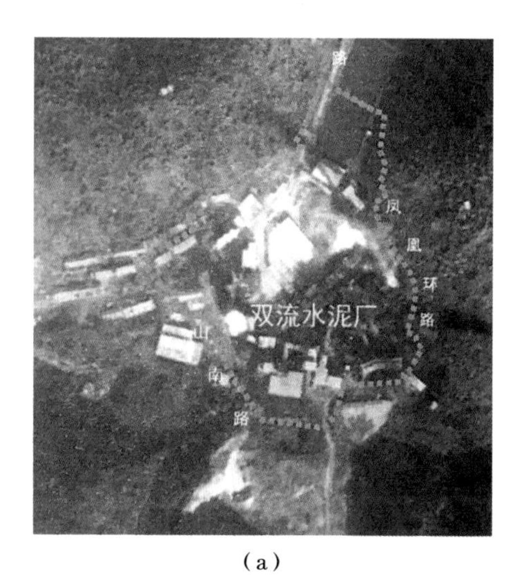

（a）

（b）

图 7.31　水泥厂工业遗址改造前后对比

（a）改造前的双流水泥厂；（b）改造后的凤凰・创意国际

7.3.2　规划设计

7.3.2.1　*场所改造*

（1）功能定位。工厂距离中国美术学院香山校区仅 2km，依托周边资源，发挥美院优势，西湖区政府和之江国家旅游度假区管委会将双流水泥厂与周边区域整体定位为集设计服务、艺术创作、国际展览、新媒体、特色旅游的之江文化创意园，凤凰・创意国际公园是之江文化创意园区的启动项目。

（2）设计理念。设计师突破了传统美学的设计理念，在设计中着重贯穿生态设计的理念，充分遵循场地特征，保留并大规模利用场地内的工业遗存，通过新旧元素的巧妙叠加运用，使其转变成为园区的各类景观元素，变为富有艺术气息和多种功能的新景观。凤凰・创意国际全景图如图 7.32 所示。

图 7.32　园区全景图

（3）总体规划。规划延续山水自然景观，充分挖掘水泥厂工业遗产的魅力，以水泥生产车间为中心，结合周边原有管理房屋和生活区、矿区等设施的环境特征，规划成为一个具有创意办公、沟通、旅游等综合功能的创意园区。园区规划由艺术中心、工业遗产保留区、设计产业部落、影视产业部落、雕塑陶艺艺术部落、工业遗产及室外展览区共六大功能区块组成。

（4）业态引入。自2009年9月园区一期开放以来，德国平面设计有限公司、日本建筑设计有限公司、杭州飞宇工业设计有限公司等80多家公司先后进入。2012年第一个地方馆——台湾馆进驻。

7.3.2.2 设计解读

（1）遵循基地特征，保留改造原有建（构）筑物。昔日的开采，在山体上留下了抹不去的伤痕，但也透露着野性和粗犷之美，水泥厂生产建（构）筑物超大的尺度与废弃矿山的粗犷之美相呼应。改造设计完全保留了水泥厂综合体的质朴感和高度分层的建筑分布，并通过结构加固，楼梯、电梯安装及新旧建筑拼接等一系列改造措施，使它们成为别具特色的创意工作室、展示空间、餐厅、办公楼、空中廊道等，如图7.33所示。

（a）　　　　（b）

（c）　　　　（d）

图7.33　保留建筑的再利用

（a）空中廊道；（b）加建楼梯；（c）内部展示空间；（d）咖啡休息区

（2）依山就势，建造新建筑。设计师依山就势，在生活区的山体旁结合保留建筑建造了呈台地式分布的包豪斯风格的新建筑。新建建筑的风格、色彩与老建筑“和而不同”，并且通过连廊加强与老建筑的联系。新建筑的设计基于原工厂建筑中广泛使用的水泥材料和水泥预制米网格图案。它由水泥、水泥预制块、木材、钢板、石材（相当于色调材料）制成，以深灰色、灰色、棕色为色调；将仪表字符和水字符网格的组合用作纹理图案，并根据工厂建筑的当前情况和新的空间使用要求进行适当的添加、删除和修复，形成创意产业进驻后继续进行内部重建的基础，如图 7.34 所示。

（a）

（b）

图 7.34　新建建筑

（a）立面处理（一）；（b）立面处理（二）

（3）运用场地元素，塑造特色景观。在园区入口处，面对大型、复杂多样的工业建筑和自然山脉围成的半开放空间，设计师用简洁的大草坪来突出整个空间的整体感，而在草坪与建筑群的交界处则通过乔木和球灌木来强化空间的边界，实现自然过渡。大草坪的设计为音乐节等各种大型活动的举办提供了可能。在大草坪的背后，新旧建筑围合形成的广场上，设计师运用结构主义设计手法，布置了银杏树阵。树阵规则的排列方式与新旧建筑物规则的开窗形成了良好的呼应，如图 7.35 所示。

（a）

（b）

图 7.35　特色景观塑造

（a）园区大草坪；（b）银杏树阵

7.3.2.3 改造设计手法

A 建筑形态改造

水泥厂由三至四层高的几何形混凝土建筑围合而成，建筑与建筑间架有空中斜廊，配合许多桶状水泥竖窑，有的独立存在，有的半嵌入建筑中，充分体现出水泥厂建筑的功能特点。

然而，由于桶状水泥竖窑与其原始功能相比相对封闭，因此很大程度上无法满足其功能替换的需要。因此，在其简化表皮处理上，于适合的层高处开尺度较小的窗洞采光。由于结构的需要，在窗孔的四个侧面上增加了钢筋进行加固，并在水泥竖窑的底部打开了一个门洞，以便于进入。这不仅满足了功能使用要求，而且丰富了原有的单调建筑立面。同时，保留了大部分原始建筑的表皮形态，如图 7.36 所示。

(a)

(b)

图 7.36 水泥竖窑的改造

(a) 桶状水泥竖窑小窗洞；(b) 桶状水泥竖窑井字形钢条

在几栋建筑物之间增加了一个带框架的玻璃幕墙，建筑体积相对较小，这与原来凌乱的建筑立面相结合。它还丰富了建筑的形状，使其具有对比度并增强了视觉效果。就公园建筑巨石的局部表皮而言，大量的米字形透明水泥砖用于通过部分“虚拟”处理来反映水泥厂房的“真实”。虚实结合，既强化了对比，也丰富了表皮界面。米字形透空水泥砖充分利用建筑物外墙、隔墙和围墙中的金属材料，如图 7.37 所示。

B 建筑材料应用

园区建筑的主要材料是混凝土，混凝土表面具有细小的颗粒纹理，质地粗糙。同时，对于部分玻璃幕墙，玻璃的光泽度和透明度与水泥墙的粗糙度和厚度形成对比。它减轻了单一材料的乏味，也凸显了主要材料。

在入口处局部采用了柔性、具有亲和力的材料，并使用了防腐木板。柔性材料部分用于从具有强烈外部环境的灰色工业环境到室内环境的过渡，这不仅暗示了空间，而且形成了自然的内部和外部过渡。在建筑外围建造了一个新的户外金属楼梯，保留楼梯金属色所显现出来的黑黄铁锈色，自然也保留了遗存建筑的工业感。

(a)

(b)

(c)

图 7.37 材料的对比延续

(a) 米字形透空水泥砖外墙；(b) 米字形透空水泥砖隔断；(c) 米字形透空水泥砖围栏

7.3.3 再生效果

7.3.3.1 建（构）筑物改造

(1) 筒仓改造。六组外形高大的熟料房和生料房被保留，其原本中空的内部空间被做了主体的楼层分隔，变成了创意企业入驻的工作室。附加部分与原始的多层建筑空间相互连接，形成具有不同变化的连续空间。景观电梯被包裹在玻璃、钢结构的建筑物内，悄悄地依附在保留的水泥建筑旁，形成色彩、虚实、材质等方面的鲜明对比。巨大的水泥罐上开出了一个个风格各异、富有节奏的窗户，犹如蜂巢的出口，水泥罐的外部则由于结构安全的需要，被打上了钢“补丁”，显得尤为粗犷。出于消防安全和功能考虑，不少水泥建筑旁增设了黑色钢结构户外楼梯，回旋而上地包裹着水泥建筑，如图 7.38 所示。

(a)

(b)

（c）

（d）

图 7.38 筒仓的改造

（a）整体效果（一）；（b）整体效果（二）；（c）整体效果（三）；（d）整体效果（四）

（2）空中运输带改造。连接熟料和成品车间的空中运输带已经变成了“空中走廊”，为游客提供了俯瞰公园和周围景观的机会。一些建筑物的底层被打开作为非机动车辆的停车场，部分创意公司的 LOGO 采取涂鸦形式画在水泥罐上，极具创意和艺术感染力。

（3）车间改造。原来的成品车间变成了一个接待大厅，使用一张 $80m^2$ 的半导入沙盘地图，展示了之江文化创意园的三维外观，占地面积近 $22hm^2$。水泥厂入口旁的两个机修车间则被改造成为园区创意展示区。

7.3.3.2 其他

刷有红色标语的构筑物、花架，以及刻有“医务室”字样的圆洞门墙垣被作为景观元素保留了下来，向参观者传达着场所记忆。原厂区生活区内的六角亭及其周边的植被被很好地保留了下来，场地四周铺上了防腐木，并设置了水系，摆放了休闲桌椅，显得幽静而休闲。

园区内的路灯运用场地内的原材料进行精心设计，灯柱下半截利用废弃的水泥杆、上半截则是黑色钢管。园区内的标识系统采用桃红色，在整体环境中显得分外突出，仿佛一件件雕塑作品摆放在场地中。

8 综合区域保护传承规划设计解析

8.1 上海苏州河街区

8.1.1 项目概况

苏州河发源于太湖瓜泾口，一共有大大小小的支流 59 条，全长约 125km，流经上海八区一县长达 53.11km，其中在中心城区约 24km，平均河宽 70~80m，是黄浦江最大的支流。在上海区段内的苏州河起于市区的北新泾，穿过城市的中心地带，到外白渡桥东侧，汇入黄浦江。因为苏州河特殊的地理位置，水体日益城市化和人工化。

在唐朝以前，吴淞江就曾经是从太湖流到东海的三条主要水道之一。吴淞江成为主要入海通道是在娄江和东江的河口被淤泥堵塞之后。在明朝的初期（约 1403 年），由季风带来的降水对吴淞江造成了影响，吴淞江每年一次的洪灾变得非常严重，由此一条崭新的河道——黄浦江被疏通，从此代替了吴淞江变成太湖取道长江入海的主要通道。

进入近代以后，随着各种租界地的建立，上海摇身一变，从一个小渔村快速发展成为现代的大都市。在此之前，该区域的主要商业中心是位于上海以西约 100 km 的内陆城市苏州。吴淞江蜿蜒 53km，是连接东海与苏州的交通要道，但到了 19 世纪中叶，才有少量的居民定居在苏州河沿岸。另外，鸦片战争结束后，签署了《南京条约》，上海被大量的海外企业如潮水般涌入。上海的发展加快了苏州河的转型。一直到 20 世纪初，苏州河依然是上海的商业命脉，负责各类工业码头、工厂和客运码头的运转。

苏州河的名字，是从 20 世纪中叶，上海开埠后，一些喜欢冒险的国外移民从上海乘船而上，溯吴淞江直到苏州，就顺口称其为“苏州河”。1848 年，上海道台麟桂在与英国驻沪领事签订扩大英租界协议时，首次正式将吴淞江写成了“苏州河”。由此开始，“苏州河”之名逐渐流行。但是那时候并未明确河名，在民间也有多种说法，确指为上海境内的河段是 2004 年初出版的《上海通志》。

苏州河的主要支流有东茭泾、木渎港、走马塘、西虬江、真如港、桃浦、彭越浦、新泾港和新槎浦。上海最初形成发展的中心是苏州河沿岸，几乎催生了古代大半个上海，之后又花 100 年时间，成为上海搭建国际大都市的水域框架。上海市的简称命名来源就是因为苏州河下游近海处被称为“沪渎”。苏州河分为东段和西段，全长有 53km，租界地曾经包含西藏路以东的两岸，租界地经过扩张之后将苏州河的西段的南岸也划入其范围内，西藏路以西和苏州河西段的北岸即人们常称之为闸北的地段属于华区范围，中国最早兴起的民族工业大都是在华区内发迹、起身，西段河两岸见证并记录着这段中国民族工业产生发展的历史性阶段，如表 8.1 所示。

表 8.1 苏州河历史沿革

主要历史时期	河道宽度	文化特征
前 221 年(始皇帝二十六年)	尚未成陆	古上海为一片汪洋。今苏州河畔彭浦、邮屯新村一带出土鲸鱼骸骨
262 年吴永安五年（三国）	入海口达今共和新路一带	“松江沪渎”。东晋庾仲初称:“今太湖东注为松江，下七十里有口分流，东北入海为娄江，东南入海为东江”
宋	九里	1111 年入海口至今浦东顾路一带，河道变为波曲；吴淞江是唐宋元时代上海地区流量最大的河流和通海航道。由于太湖东岸修建吴淞塘路，上游阻水建筑增多，下游海岸线不断东移，加上盲目围垦，吴淞江屡疏屡淤，逐渐缩狭
元至明 300 年间	渐减至五里三里一里	上海地区的农耕棉织日益发展，逐步取代渔业和盐业。15 世纪，苏州河因淤积而明显收细多曲。1403 年夏元吉奉诏治水，分流苏州河水势，沟通黄浦。黄浦终成主流，史称“黄浦夺淞”
1863 年清同治二年至今	70m 以内	由于源头筑堤、建桥，河口围塘挡潮，上下游水流不畅，逐渐淤浅变窄。经开辟新道后，改入黄浦江，形成今日苏州河宽仅 70m、深只 2~4m、流速缓、水量少的小河滨

由政府和开发商主导的自上而下的过程是苏州河区域复兴的主要方式。国有企业整改后大多迁离此地，由于工业和生活污水的污染，苏州河两岸的仓库厂房废弃了很长一段时间。20 世纪 90 年代后期，年轻的艺术家群体进驻苏州河区域，使区域复兴出现良好的转机。随着上海改革开放的深入，从 1997 年开始，市政府颁布了《上海市苏州河环境综合整治管理办法》，苏州河两岸开发、污水治理工程由此得以全面展开。至今，苏州河两岸的区域复兴已经初见成效。

自从迈入 21 世纪，在市委和市政府领导的重视下，重点改善苏州河水质的第一阶段工作已得到突破性进展，长时间来受到污染的河水也大体上消除了黑臭，且日益清澈，沿岸的房地产开发的势头日益高涨。

现在，跟随新的行政变革，这个地处上海市中心、长达 12.5km 的一线滨水区域终于得到整合。苏州河沿岸把握机会，不单是为了发展助力，更是为了提升其社会和地理地位，为这个一度衰败的滨水地区带来重生的机会。发展策略的基础是新静安区“一轴三带”，未来的苏州河将成为彰显现代生活、休闲和人文方式的聚集地，创造上海城市滨水区新标准，如图 8.1 所示。

8.1.2 规划设计

8.1.2.1 规划范围

规划范围西至中山西路，东起黄浦江，河流全长约 13.3km，平均宽度约 50m。

图 8.1 苏州河历史演变

8.1.2.2 规划目标

充分发挥苏州河在社会发展和环境建设中的作用是规划的目标，进一步挖掘苏州河两岸人文与自然历史景观，使两岸景观环境的建设水平提高，把苏州河沿线建设成为环境优美、水质清洁、气氛和谐的生活休闲综合区域。

8.1.2.3 规划原则

苏州河规划涉及城市土地利用、地块开发控制、公共空间设计等多方面内容，规划确定了六大原则：(1) 加强沿线绿地建设，形成滨河绿带的同时，确保集中绿地的实施；(2) 确保苏州河内环段全线滨河空间对公众开放；(3) 保护历史文化建筑，整合历史街区；(4) 合理控制滨河建筑高度与退界；(5) 在严格执行苏州河防汛标准的前提下，提供亲水岸线；(6) 完善地区交通组织，逐步形成滨河步行系统。

8.1.2.4 规划策略

A 重塑滨水景观、明确沿线功能

通过苏州河沿线空间肌理和城市功能分析，首先明确了苏州河沿岸的功能定位：苏州河两岸联系紧密，位于中心城北部，与市民的生活息息相关。自东向西，沿岸土地功能的公共性逐渐减少，大多是居住区，因此增强休闲观景等功能、充分发掘两岸人文历史资源成为规划的首要任务。从环境景观角度上看，作为上海市核心绿化“两横一纵”的组成部分，苏州河是不可再生的自然资源，应在沿线设置大面积的绿地和开敞空间，成为城市的绿色廊道，提供给市民绿意盎然、尺度宜人的休闲游憩场所，如图 8.2、图 8.3 所示。

B 开放滨河空间、建设绿色通廊

(1) 绿地系统。绿地布局遵循“景观原则”和“适当均布原则”，增加沿线大规模集中绿地是规划的重点，同时建设公共连续的滨河绿带，形成点、线、面多方位组合的绿地系统，如图 8.4 所示。

(2) 开放空间。公共开敞空间的布局原则是对公众开放苏州河内环段全线的滨河空

图 8.2　滨水景观

图 8.3　滨水空间

间，同时立足公共活动的要求，设置多层次的滨水空间系统，如图 8.5 所示。规划形成由点、线、面组成的公共开敞空间来组织市民的公共活动，包括水上公共活动线路、陆上公共活动线路及公共活动节点三部分。

图 8.4　绿地系统

图 8.5　开放步道空间

（3）加强建筑控制，降低开发容量。苏州河的平均宽度约 50m，空间尺度较小，在河道某些区段出现了“峡谷效应”，使滨水空间产生强烈的压抑感。

针对沿岸地块开发容量过大的状况，将其作为特殊的区域，严格设置地块的控制开发条件，减少沿线容量，保障滨河开敞空间的公共性。

建筑控制要素包括建筑退界、建筑高度、建筑容量。其中，退界与建筑高度作为一组互为关联的要素，近水的建筑以最小的退界为前提，退界与建筑高度采用 1 ∶ 1 控制，来营造滨水空间的宜人尺度。

（4）延续地域文脉，注重历史保护。苏州河的历史悠久，造就了沿线大量的优秀历史建筑和丰富的人文资源，如图 8.6~ 图 8.8 所示。其中市级优秀近代保护建筑和市级以上文物保护单位被列入保护名册的共 28 处；具有保留价值、建筑风貌较为完整的建筑共有 37 处。

规划遵循“风貌保护”和“积极保护”原则，将沿线分划为四个历史建筑相对密集的区段，即浙江路乌镇路仓库工业建筑保护带、河口历史风貌区、华东政法学院、昌化路近代工业建筑保护带，并提出各自对应的保护与利用策略。

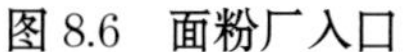
图 8.6 面粉厂入口

图 8.7 邮政博物馆入口

图 8.8 老塔楼

（5）丰富河岸空间，增设亲水岸线。提供亲水岸线需要在严格执行苏州河防汛标准的前提下进行，这是苏州河规划的又一重要原则。亲水岸线的建设，如图 8.9~图 8.11 所示。这样能增添滨水区的活力，为市民创造丰富的滨水活动空间，也提供了旅游业发展的可能，通过调查研究现状岸线，提出针对沿线堤岸不同区段的处理方式。

图 8.9 河岸空间

图 8.10 河岸旁的健身空间

图 8.11 河岸边的公共空间

（6）加强节点建设，创造景观序列。苏州河曾是上海最美的景观之一。在滨水景观的空间序列组织上，立足公共活动，根据河道走向变化及沿线土地使用特点确定景观节点，明确节点地区。共有六个节点地区分布在苏州河内环段沿线，其中昌化路桥地区和吴淞路桥地区和是规划的重中之重。

8.1.3 再生效果

8.1.3.1 整体风貌

苏州河沿岸的建设，上海市规土局一直秉承“开门做规划”的理念，持续收集民众的意见，改造效果整体较好。但苏州河两岸的建设有所差别，北岸是长期以来落后的闸北区，而南岸则是国际化的繁华的静安区，苏州河像是一条心理和地理上的鸿沟，将现代上海一分为二，而这种状况依然存在。苏州河的北岸是破旧不堪的老房子，如图 8.12 所示，而隔岸相对的是崭新的高楼大厦，如图 8.13 所示。

图 8.12　北岸的破旧房屋

图 8.13　南岸的高楼

两种截然不同的风格和生活方式被一条河分隔。鲜明的对比不止一处,但却可以理解，即使在发展速度快于北岸的南岸，也有比较破旧的房屋。苏州河岸线长，发展有先后，建设分区块，短时间内会存在发展不平衡的状况，但是长远来看，苏州河必定会成为风貌良好的宜居地带。

苏州河沿岸的风貌，大体一致，保留了两岸的优秀历史建筑，包括原中央造币厂、福新面粉厂、上海邮政博物馆等。历史建筑隐藏在现代和当代的建筑里，风格独特成为苏州河沿岸不可或缺的成分，又与周围建筑、景观、道路融为一体，并不突兀。但也有例外，南岸的老塔楼，孤独地矗立在周边现代高楼的“包围”下，显得格外无助，宛如一个腼腆的孩童活在大人的世界里，除了河对岸的人们，谁还能看到这个老建筑呢？越向东建筑的风貌越好，老建筑渐渐成为主体，如图 8.14 所示。苏州河向东汇入黄浦江，如图 8.15 所示，与外滩相交，建筑风格一直过渡到外滩的近代风格。

图 8.14　南岸原新天安堂

图 8.15　与黄浦江交汇处

8.1.3.2 河道和滨水区

苏州河河道平均宽约 70 m，现建设良好，防汛设施完备，同时是苏州河景观的主要部分，结合滨水区的景观设计，形成景观优美、可达性高、观赏性强的景观带，如图 8.16 所示。滨水区包括人行步道和公共休息活动区等。滨水步道作为苏州河的景观走廊，组织了滨水空间序列，为市民提供了亲水娱乐休闲的场所和空间，同时也承担着防汛的任务。步道作为滨水线性空间，宛如一条柔美的线将面状滨水区相连，每隔几十米设出入口节点，出入方便，如图 8.17 所示。滨水公共休息活动空间各有差异却又统一于苏州河整个景观带，有的植物与坡道组合，有的植物与台阶组合，有的台地与小品组合，有的植物与水景结合，有的草地与小广场组合……元素统一，模式不同，这就是苏州河的滨水区。

当然，同一中寻求些许变化能消除单调感，苏州河沿岸也会偶尔出现打破单调感的空间。一个圆形的休憩广场结合异形遮光亭，在道路交汇处出现，起到了河道与城市之间的过渡作用，又为行走累倦的人们提供了休息场所，这就是变化的其中之一，如图 8.18 所示。步道同时考虑了无障碍坡道的设置，如图 8.19 所示，满足不同人群的需求。虽然有的亲水区有很好的安全措施，如图 8.20 所示，但是在滨水区仍存在部分安全隐患。例如，亲水平台的栏杆设置，即三条低垂可动的铁链，如图 8.21 所示，正值活泼好动的小孩子如果在无人监护的情况下，很容易失足掉入苏州河里。这种形式的护栏不止出现在一个公共活动区，安全防护设置还需再完善。

图 8.16 河道与景观

图 8.17 公共休息活动区

图 8.18 休息广场

图 8.19 无障碍坡道与提示牌

图 8.20 墙体安全设施

图 8.21 护栏的安全隐患

8.1.3.3 沿岸道路、立面效果、业态分布

苏州河沿岸的道路与河面几乎同样蜿蜒布置，尺度宜人，没有异常宽的道路，幽静的

道路两边被茂密的行道树限定，形成一个界面，道路上机动车并不多，更多的是漫步的行人和跑步的青年，如图 8.22 所示。道路延伸到岸边的景观区和居住区时，地面铺装也跟着变化，同时与岸边步道的视线联系更加紧密，人与人的交流更多，也保证了更多的人欣赏到苏州河的美景，形成“道路（人）—景观带—步道（人）—景观带—河水”的多层空间复合效果，如图 8.23 所示。在路拐角处也会用绿化带衔接而不是体态生硬的建筑。连接两岸的桥也都保留了原本的特色，成为苏州河上的又一特色，例如苏州河上本身就有特点的西康路桥，成功将两岸的人们连接起来，在桥上欣赏苏州河和在岸边的感触又不同，如图 8.24 所示。

图 8.22　河岸道路

图 8.23　景观区道路

图 8.24　西康路桥

苏州河两岸的建筑立面效果因新旧建筑的交叉布置而风格不同。新兴社区与老旧社区交叠出现，一面是现代化的高级住宅，如图 8.25 所示，另一面是生活方式迥然相异的旧小区，如图 8.26 所示。人的生活水平和生活方式产生了差异，立面效果也陡然转变，不相协调却又各自存在着。

图 8.25　高级住宅社区

图 8.26　老旧小区

自东向西，由黄浦江支流开始，苏州河与东方明珠电视塔相望，向西慢慢渐变，业态也由商业向住宅慢慢过渡，但这种划分不是绝对的，沿岸的居住区当然也有配套的商业和休闲娱乐建筑和设施。整体上看，东商西住，往细划分，又各自成体系，彰显以人为本的城市设计理念。

苏州河体现了上海历史发展的积淀，曾是上海的母亲河，它的历史变迁也成为上海地区发展和都市兴盛的见证，新时代的苏州河承载着新都市文化。上海的建设日新月异，发展速度之快，令世人瞩目，苏州河正是上海发展的缩影。综上，苏州河沿岸是成功的城市综合区域规划案例，线性布局，独具特色，与上海的历史一脉相承，并且会越来越好。

8.2 苏州平江路历史文化街区

8.2.1 项目概况

8.2.1.1 项目背景

苏州，是一个经历了2500多年风霜的古城，是位于长江三角洲地区最为重要的中心城市之一，更是作为风景旅游城市和国家历史文化名城列于国务院首批公布的名单之中。苏州古城，始建于公元前514年（春秋后期吴王阖闾元年），是全国河流最密集的城市，水域占比达42.5%，“河街相邻、水陆并行”的双棋盘式布局至今仍旧保留，纵横交错的河道脉络和“粉墙黛瓦、小桥流水”的独特风貌更是使苏州成为令人向往的历史古城。

平江路历史文化街区，作为保存得最完整的一个街区屹立在苏州城内的东北隅，东侧自外环城河而起，西侧边缘与临顿路相邻，南侧由干将路而入，北侧至白塔东路而终结，悠久的历史建筑、古巷以及小桥流水的江南水城特色，堪称古城之缩影。从古时所记载的《平江图》和《苏州府城内水道总图》中便可看出，该区域基本延续了唐宋时期以来的城坊格局，而且在今天仍旧保持着一定的活力。其中，平江路是平江河边一条沿河而行的小路，是苏州一条以历史久远而闻名的老街，在南侧与干将东路相接，并由此而起，越过白塔东路和北侧东北街相通，北接拙政园，南眺双塔，全长约1606m，宽约3.2m，两侧横街窄巷众多，早在南宋的苏州地形图——《平江图》上便可清晰可辨，更是作为主干道设置在苏州古城的东半城来使用，如图8.27、图8.28所示。

图8.27 平江图碑

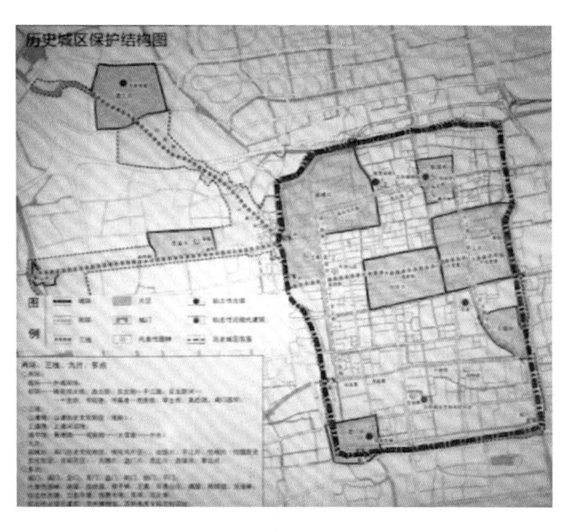

图8.28 历史城区保护结构图

宋时，苏州拥有另外一个名字，称作“平江”，平江路取名便缘于此。平江路，在古时又被人们称作“十泉里”，早在1834年由顾震涛所编纂的书籍——《吴门表隐》中，便记载到：“平江路古名十泉里，有古井十口，华阳桥南一，奚家桥南一，苑桥北一”，十分详尽。但在清乾隆时期的《长洲县志》学宫图中，便已标记为“平江大路”，而后从清同治时期《苏州府志》起，便一直称之为平江路，在《姑苏图》等记载中，也是如此。

平江路作为南宋时苏州城东半部分的主干道，800多年来不但在河流形态、城坊布局、街巷建制上与原有城区基本相仿，而且仍旧保留了“河街相邻，水陆并行”的江南水乡独特布局。在1986年通过的《苏州市城市总体规划》中，获国务院批准，平江路被列为历史文化保护区。多年来，地方政府一直致力于保护这条承载历史和记忆的老街，通过疏浚河道、铺设路面、拆除违章建筑、管线入地等工程，使平江路的主要部分再现原有面貌，最大程度上保护了河街旧景和历史风貌。

8.2.1.2 优势分析

A 承载历史与记忆、再现古城独特风貌

平江路历史文化街区，作为苏州古城非常重要、保护最为完好的历史街区，不仅承载着从古至今逐步发展的悠久历史，更承载着一个地方、一片区域、一座古城的生活记忆。自古代吴王阖闾建都于苏州，大夫伍子胥帮其建设都城，便有了“河街相邻、水陆并行”的双棋盘式的城市布局、“三横三纵一环”的河道水系和“流水行船、青砖黛瓦、古园名迹”的独特风貌，并且经过历史风霜，一直延续至今，不仅见证了苏州古城的发展历程，更是融入了当地居民生活的点点滴滴，如图8.29、图8.30所示。

图8.29 水陆并行实景

图8.30 河街相邻实景

平江路历史文化街区的建设一直秉承着这样的发展观念：运用可持续的发展观念对历史文化街区进行充分的保护和利用，对历史文化街区的风格面貌和城市格局进行全面保护。平江路在发展的同时，一直以整体保护为基本原则，尽力保留历史街区的原真性，一河一街、一桥一巷都在保留其原本风貌的基础上进行改建，对传统建筑合理利用，挖掘传统文化价值，推行可持续发展的规划理念，有机更新，渐进式推进，为古城的发展注入新的活力，使其重新焕发生机。

B 自然生态、文化特色和地理区位完美结合

平江路历史文化街区因其保留了传统的水陆并行系统，完美地再现了古时人们传统的交通方式和独特的街道景观，潺潺的流水和临河的台阶都使人置身于传统居民日常生活和公共交往情境之中。悠扬的昆剧评弹从巷中传来，磨损的砖瓦和高高翘起的屋檐都在向人们诉说着古城的历史，丝绸、木刻、吴门书画都使古城的传统文化由内而外地散发出来。周边更是围绕着耦园、狮子林、玄妙观、双塔、相门等历史古迹名园，使平江路历史文化街区文化气息浓厚，发展活力强盛。

8.2.2 规划设计

8.2.2.1 规划原则

（1）整体保护、体现原真性。对于平江路历史文化街区的规划保护与发展，一直都是以可持续的发展观念对历史文化街区进行充分的保护和利用，对历史文化街区的风格面貌和城市格局进行全面保护为指导思想。虽然平江路历史文化街区是作为历史文化街巷进行保护改造，但在规划设计中却是运用了“修旧如旧”的改造手法，尽可能减少对传统街道风貌和街巷格局的破坏，最大程度上保留了历史文化街区的特色和原貌，保留了其传统性与原真性。

（2）合理利用、可持续发展。为了能够更好地保留平江路历史文化街区，充分展示其传统的街巷风貌和文化特色，在开发与利用上必须保证合理性和可持续性。通过对传统街区历史的研究和街区特色价值的充分挖掘，对街区开发和利用进行合理而有效的指导，着重强调对老街区的保护和各类文化遗产的充分传承。通过对历史街区的总体布局规划和内部交通的优化，与文化传承、商业旅游相结合，通过对空间、业态、产业的合理分布，使其拥有持续强盛的活力，达到可持续发展的目的。

（3）有机更新、渐进式推进。在合理保护老街风貌特色的基础上，通过对传统街坊巷道的梳理，对原有居民所需的内部生活设施和外部生活环境进行优化，对改造区域公共环境与设施进行适当更新与增加，完善街区交通系统、优化交通引导标识、调整人口规模结构，使老街区改造更新有机进行，逐步推进。

8.2.2.2 项目规划

A 总体布局

平江路历史文化街区，屹立在苏州城内的东北隅，东侧自外环城河而起，西侧边缘与临顿路相邻，南侧由干将路而入，北至白塔东路，形成规模庞大、外形方整、保存最为完整的一个传统历史街区。同时，平江路历史文化街区周围也围绕着大量的名园古迹，北侧与狮子林、拙政园、苏州博物馆等一脉相连，西侧与西晋时期苏州最大道观玄妙观并排而立，南侧远眺双塔，东侧与耦园、相门相邻，共同展示着古城苏州丰厚的传统韵味和独一无二的历史风貌。

在其内部，平江路历史文化街区以平江河旁的平江路为主要道路，两侧垂直分布多条横街窄巷，如丁香巷、东花桥巷、卫道观前、大儒巷等多条支巷；以保留下的“河街相邻，

水陆并行”的双棋盘式城市布局为主要特色，散布着大量的名人故居和私人旧宅，并存有1处世界级文化遗产，2处国家级重点文物保护单位，多处省市级文物保护单位和众多原有居民住所，还有许多古代石桥、牌坊、水井、建筑等散落其中，共同组成了这片展示苏州古城风貌和特色的历史街区，如图8.31、图8.32所示。

平江路，是沿平江河并行的一条小路，作为平江路历史文化街区的主要道路，是改造更新的重点之一。平江路贯通历史文化街区南北向，由南侧干将东路而起，越过白塔东路和北侧东北街相通，并存有古桥13座，大多都已超过800年桥龄。在平江路东侧沿路界面，将古街打造成以“静态商业”为主的商业功能，主要围绕“历史文化、散步休闲、观光旅游”三大主题，尽力减少对于原住居民的打扰。而在平江路西侧，基本上保留了原住居民传统的街道风貌和生活环境，与东侧沿路商业隔河相望，新与旧的街道界面交相辉映，既展示了原有街道的特色风貌，又使平江路在保留传统特点的基础上焕发出新的生机。

B　道路规划

平江路历史文化街区在道路规划上仍以唐宋以来传统的城坊布局和街道脉络为基础，在规划发展上以保护传统历史街区风貌为指导原则，以平江路为主要道路，垂直相连多条横街窄巷，并与多条河道并行，完整保留“水陆并行”的双棋盘格局，共同组成了风貌独特、历史悠久的文化古城区域，如图8.33所示。

街区以大儒巷—中张家巷为东西向轴线，以平江路为南北向轴线，相交形成了“十”字形的公共轴，通过纵横交错的河道和四通八达的街巷将北侧拙政园历史文化街区、观前商圈和独具特色的古城风貌带串联为一个整体。在街区内部，以平江路南北端口为两主要入口，规划了四条特色街道：休闲商业文化步行街、市井生活体验一条街、时尚文化创意展示一条街、曲艺传习特色街，将整个历史文化街区分割为六大区块，来激发出古城独特的魅力和生机。在主要的道路——平江路上，仍然保留13座历史超过800年的古桥，与众多横街窄巷相通，展现了历史传统交通方式和江南小桥流水人家的独特风景，如图8.34所示。

图8.31　文化遗存规划图

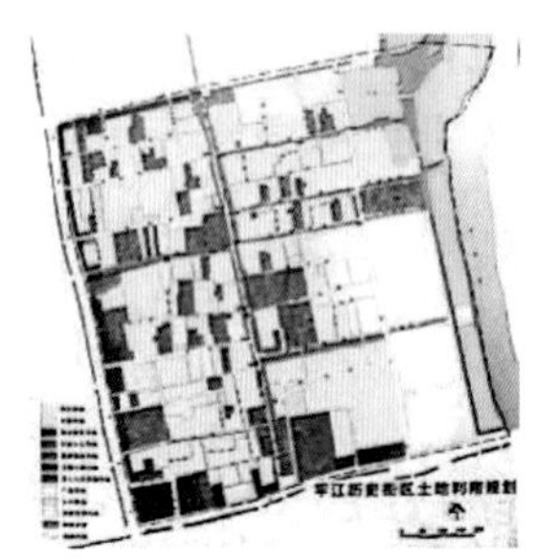

图8.32　土地利用规划图

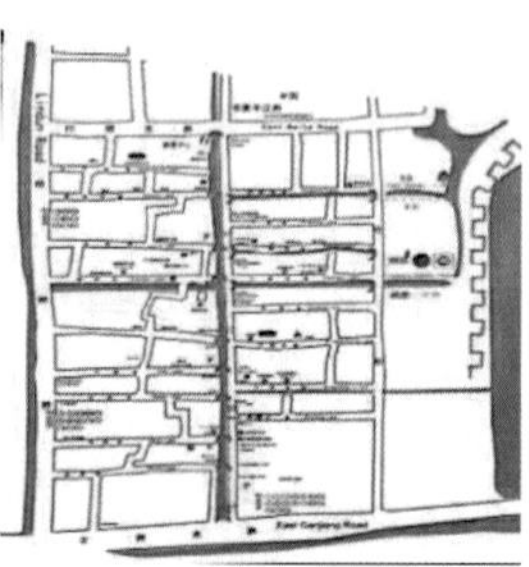

图8.33　道路规划图

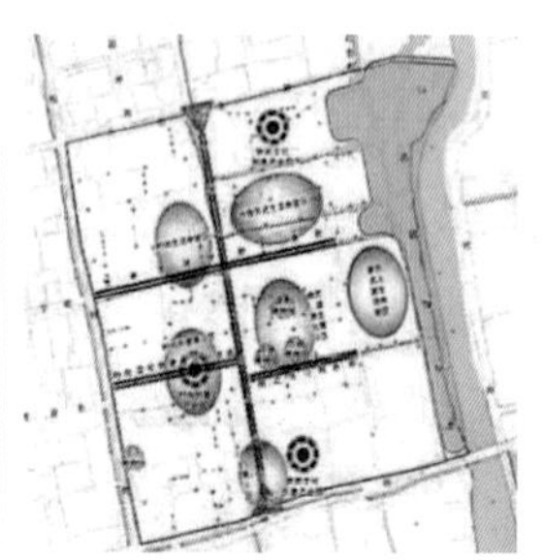

图8.34　街区保护规划图

除了主要规划街巷、小桥、河道以外，更多保留下的是在传统民居之间纵横交错的宅间小道。它们是承载了历史和原有居民记忆的空间，是构成历史街区的脉络，是连接居民与居民之间的情感线。宅间的小道保留了最为传统的历史风貌和文化气息，是完全没有经过改造的、从历史中传承下来的街道空间，完整地展示了真实的历史老城所具有的面貌风情和生活环境。

C 建筑风格

平江路历史文化街区的建筑完整地保留了传统的历史风貌，虽对平江路东侧商业文化步行街界面进行古街道的改造更新，但从设计上运用的却是修旧如旧的手法，尽力保留传统文化街区原有的面貌。无论是从大门牌坊、窗户式样、街道装饰，还是从铺装材质、屋角起翘、砖瓦柱梁，都展现了古老街区所独具的传统历史脉络和江南独特风格。平江路东侧商业界面为了减少对古街区风貌的破坏，基本上只是在门店入口处进行了材质的涂刷和招牌的悬设，即使有店面的改造，也只是在原有门框内部增设玻璃门窗，尽力不去破坏建筑所具有的传统风貌，甚至外门的关闭方式都仍旧使用具有传统特色的老门板。木质的柱子门窗、粉墙黛瓦的独特色彩、连续成片的双坡屋顶，都从不同角度诉说着这条古老街道的悠久历史和文化风情。同时，在平江河西侧的传统民居也保留了原有居民生活的真实场景，在平江路的另一侧与步行商业街遥相呼应，在新与旧的碰撞中，更加凸显了平江路历史文化街区的传承与再生，如图 8.35 所示。

(a)　(b)　(c)

(d)　(e)　(f)

图 8.35　平江路建筑外景

(a) 外景（一）；(b) 外景（二）；(c) 外景（三）；(d) 外景（四）；(e) 外景（五）；(f) 外景（六）

而在平江路建筑的内部，在保持内部柱梁等传统结构特色的基础上，对柱梁进行了加固与更新，对建筑内部的空间进行重新划分，将原有居住功能置换为符合店面需求的新功能，创造出隐藏在古老建筑内部的趣味空间和全新功能，传统建筑也在新功能的引入下散发着蓬勃的生机。建筑内部的不同功能也为这片传统建筑注入了形式各异的装修风格，但在总体上仍旧保留着古街区、古建筑的传统韵味。木质的楼梯、地板、扶手，都为了使内部空间较好地融入建筑环境中，同时又使传统建筑可以散发出新的活力，如图 8.36 所示。

（a）　　　　（b）

图 8.36　江路建筑内景

（a）内景（一）；（b）内景（二）

D　景观小品及公共设施

平江路历史文化街区的景观小品从类型上可以分为三种：原始景观及小品遗留、人工标识及小品摆放、道路铺装及街巷绿化。

平江路作为一条历史悠久的传统古街，完整地保留下了它所独有的“水陆并行，河街相邻”的街道景观，也是平江路上最突出的特色风貌。走在平江路上，望着远处 13 座经历了几百年风霜的石桥，感受着路旁平江河的潺潺流水和一栋栋历史悠久的旧宅，仿佛置身于古时候熙熙攘攘的人群和河中船只来来往往的街景之中，使人感受到这座古城独特的街道景观和浓厚的历史气息。因有古井十口而被称为“十泉里”的平江路至今仍保留着古井，并留有三口甚是少见的“双眼井”，作为独特的原始景观小品，增添了平江路的历史厚重感，如图 8.37 所示。

（a）　　　　（b）　　　　（c）

图 8.37　平江路原始景观遗留

（a）景观（一）；（b）景观（二）；（c）景观（三）

为打造平江路休闲商业文化步行街，除保留下来的独特景观外，还在平江路两侧增添了许多历史讲解标识和营造公共空间气氛的景观小品。作为一条历史悠久、风貌独特的历史街区，平江路的每街每巷、每砖每瓦都有其独特的历史。为了使人们能够更好地了解平江路历史文化街区的历史，更清楚地感受该街区的文化特色和历史气息，沿平江路西侧散布着多处街巷历史和石桥历史由来的铭牌标识。同时，为了减少行人沿路而行的疲倦感和审美疲劳感，由店铺与道路之间围合出几个公共空间，以供人群休息所用，并摆放着多种符合历史街区文化的小品景观来提升公共空间的品质，如图 8.38 所示。

（a）

（b）

（c）

图 8.38　平江路人工景观小品

（a）景观小品（一）；（b）景观小品（二）；（c）景观小品（三）

平江路街道铺装长约 1606 m，宽约 3.2 m，于 1985 年改弹石路面为长方石“人”字形路面，于 2004 年改由传统长条石横铺砌成。在道路中间为横向长条石铺地，两侧为碎石铺地，将道路区分为快速步行道路和慢行驻足道路。碎石铺地的慢行驻足道路为人们在河边留出了一条驻足观景空间，并在商业店铺前留出可供游客停留的灰空间。两种不同的铺装样式给人们带来了不同的行走体验，在休闲步行的同时更富有趣味性。同时，在街道两侧种植着多种植物作为绿色景观，丰富了步行街道的公共空间氛围，如图 8.39、图 8.40 所示。

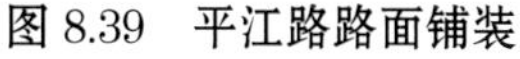
图 8.39　平江路路面铺装

图 8.40　平江路景观绿化

E　文化传承

平江路历史文化街区作为一个具有久远历史的古老街区，除了留下来的大量古街巷、建筑、桥梁等物质文化遗产外，也留下了大量的非物质文化遗产。沿着平江路而行，可以发现大量承载着苏州地区特色的艺术文化和极富当地传统工艺特点的美术店铺。独特的吴门书画、悠扬而美妙的昆剧评弹等富有苏州地域特征的传统艺术文化，苏州刺绣、桃花坞木刻、丝绸等具有浓郁地方文化特质的传统工艺，都是经过历史的冲刷而留下来的人类智慧结晶，对历史传统文化的发扬和发展不仅是对历史文化的传承，更为历史街区的合理发展引入了新的形式，更好地对历史街区进行保护和发展，如图 8.41 所示。

（a）　　（b）　　（c）

图 8.41　文化遗产传承

（a）文化传承（一）；（b）文化传承（二）；（c）文化传承（三）

8.2.3　再生效果

8.2.3.1　新老环境交相辉映

平江路历史文化街区作为一个保存最为完整的传统历史街区，至今仍旧保留着其历史悠久的建筑风格和水陆并行的街道景观，处处展现着江南水乡风光和人情风貌。自唐宋时期延续下来的城坊格局至今仍旧散发着活力，街区中散布的横道窄巷都在诉说着这片历史街区所经历的风雨，粉墙黛瓦的传统风格和河街相邻的独特格局展现了别致的风土人情。一砖一瓦、一桥一巷，都仿佛使人置身于江南水乡的悠久历史之中。平江路作为历史文化街区内贯穿南北的主要道路，以文化、休闲、商业三大特点为步行街的主题进行保护改造，虽已有不少沿街老宅改造成为商店、餐饮、文创等功能，但运用的手法却是修旧如旧，悄悄掩隐在木质门板之下，将老旧住宅置换为新的功能，只有从精致的门窗雕刻、历史悠久的起翘屋角和别具特色的装饰装修上才能看出端倪。

与同是苏州历史街巷的山塘街相比，平江路保留了更多的街巷原貌和传统风格，减少了旅游开发对于古街区的破坏，最大限度地保留住了原始居民的风土人情，更加富有传统街巷的烟火气息。平江路休闲商业文化步行街矗立在平江路的东侧，与西侧原有居民旧宅隔平江河相望，使平江路既有活力充沛的新风貌，又保留着风貌独特的旧民宅，新旧风格遥相呼应，又显得别有一番趣味，如图 8.42 所示。

8.2.3.2　街道景观及基础设施建设

平江路经过多次路面改造，形成了目前横长条石铺地为主，两侧碎砖铺地的道路景观效果，同时起到了划分人流、创造灰空间的作用。为减少游览路线过长而产生的疲倦感，在道路中创造公共空间来驻足停留，并在道路两旁搁置景观小品，来增加休闲商业文化街的趣味性。平江河虽已不再作为人们交通出行使用，但是仍旧保留了其独特的景观效果，船夫唱着悠扬的歌声撑船而过，也为人们展示了独特的水乡风貌。同时，为了更好地对平江路历史文化街区进行保护和发展，增添了许多基础性公共设施建设，如：垃圾桶、消防栓、道路标识系统等，不仅有利于商业街区的发展，也可以更好地为原有居民服务，提高人们生活的满意度和舒适度。

（a）　（b）　（c）　（d）

图 8.42　平江路街景

（a）街景（一）；（b）街景（二）；（c）街景（三）；（d）街景（四）

8.3　成都太古里开放式街区

8.3.1　项目概况

8.3.1.1　项目背景

成都远洋太古里位于成都市中心，交通便利。北临大慈寺路、西接纱帽街、南靠东大街，并与成都地铁 2 号及 3 号线的春熙路交汇站直接连通。同时与历史悠久的大慈寺相邻，接壤人潮涌动的春熙路商业区，成都远洋太古里是一座总楼面面积逾 10 万平方米的开放式、低密度的街区形态购物中心。项目毗邻大慈古寺，是一个融合文化遗产、创意时尚都市生活和可持续发展的商业综合体，它具有丰富的文化和历史内涵，包括六个预留的庭院和经过适当保护和修复的建筑。

在规划中，与城市环境和文化遗产紧密结合的一系列空间和活动，如广场、街道、花园、商店、茶馆等，建立了多元化的可持续创意区。 这个地方重新散发出活力，也使成都市中心展现了不一样的层次。 该项目以创新和现代的方式融合了四川风格的建筑理念和创新的零售规划。 其开放、低密度的独特设计不仅反映了项目团队对成都和成都消费者生活方式的深刻理解，还为客户创造了独特的购物和休闲体验，如图 8.43 所示。

(a)

(b)

图 8.43　成都太古里街景

(a) 外景 (一)；(b) 外景 (二)

8.3.1.2　优势分析

A　传承历史与文化、城市中心重现活力

成都远洋太古里的建筑设计始终坚持这一理念：一个绝佳的空间不仅沉淀了城市的文化和历史，而且提供了一个开放的平台，汇集了当代的思潮。成都太古里的悠久历史与新文化相互碰撞，新旧交织的人与事编织出色彩缤纷的城市景象。 成都太古里承担了城市空间文化和历史的重要责任。成都远洋太古里位于大慈寺区，拥有丰富的历史文化氛围，秉承“现代诠释传统”的设计理念。将成都的文化精神注入建筑群落。城市的色彩和质感、成都人的休闲和从容，这些零碎的区域特征将在房屋、街道和广场中逐一展示，如图 8.44 所示。

(a)

(b)

图 8.44　成都太古里保护传承的古建筑

(a) 古建筑 (一)；(b) 古建筑 (二)

B 人与自然、文化与艺术交相辉映

兼顾国际视野与地域特色，成都远洋太古里邀请海内外多位艺术家量身定制了21件匠心独运的艺术品，其中许多作品都来自女性艺术家。以人、自然和文化为主题的这些艺术作品融合了东方和西方的思想，或以植物的形式，或者利用自然风光或生活元素，凝聚美妙的瞬间，在开阔的天空下沉淀艺术之美，让在这里生活成长的城市居民感受到一份质朴的真情，如图8.45所示。

（a）

（b）

图8.45 成都太古里艺术品

（a）艺术品（一）；（b）艺术品（二）

C “快里”与“慢里”完美融合

成都远洋太古里的“里”字意味“街巷”，正是这里纵横交织的里巷令成都远洋太古里别具一格。在深刻理解成都这座城市以及成都消费者生活习惯的基础上，成都远洋太古里对其业态进行了合理组合，特别引入“快里”、“慢里”概念。

“快里”由三条精彩纷呈的购物街贯通东西两个聚集人潮的广场，为成都人提供畅快淋漓的逛街享受。“慢里”则是围绕大慈寺精心打造的慢生活里巷，以慢调生活为主题。值得把玩的生活趣味、大都会的休闲品味、林立的精致餐厅、历史文化及商业交融的独特氛围，呈现出成都远洋太古里另一张动人面孔，如图8.46所示。

8.3.2 规划设计

8.3.2.1 规划原则

（1）生态文明资源节约的原则。对太古里商业街街巷尺度、商业业态、市井民俗文化调整采取引导性的辩证微改的保护更新策略，是一种生态、高效、微改造的创新形式。对于大慈寺的宗教和历史地段，挖掘和组织其宗教文化、城市文化、民俗文化，继承其商业空间的历史，并进行保护和更新，其使能够融入现代市场生活，又使历史街区、宗教文化和城市文化价值得以体现。本着生态文明资源节约的原则以及考虑到从工业文明发展到生态文明需要相当一段时期，因此，采取微观调整和微观更新策略，调整太古里商业街的街道规模、商业形式和民俗文化，是一种生态、高效和绿色的创新形式。

(a)

(b)

图 8.46 成都太古里景点

(a) 外景（一）；(b) 外景（二）

（2）延续场所历史文脉原则。成都远洋太古里的设计继承了历史和文化，振兴了市中心。它保留和保护了历史街道，如东西糠市街、和尚街、笔贴式街、马家巷、玉成街、章华里。在大慈寺周围，文化得到了保护和更新，充分唤醒了人们的记忆，引导公众发现被忽视的社区。最重要的是，通过在文化历史周围创造一种地方感，人们得以在这一领域重新团聚，如图 8.47 所示。

(a)

(b)

图 8.47 成都太古里外景

(a) 外景（一）；(b) 外景（二）

8.3.2.2 项目规划

A 总体布局

成都大慈寺地区目前的定位和发展模式是古代繁荣的延续，特别是商业和文化融合的特征以及寺庙和城市共存的形式。注入现代元素，创造低密度创意文化商业区，与春熙路的大型商业形式相辅相成，为东街金融办公区和东北住宅小区及所有游客提供优质的商业、文化、休闲服务和生活环境。最人性化的城市中心的形成将补充和整合现有的“双轴和四片”总体规划模式。成都远洋太古里以大慈寺的古庙为核心，具有丰富的文化和历史内涵，是最独特、最令人兴奋的城市更新项目及商业发展中心。

本项目的地下室拥有 2 层的停车场和负一层的商业走廊，地面建筑共有 3 层。项目有 3 条主要街道，分别为西里（纱帽街）、中里和东里；有 3 个主要公共露天广场，分别为西广场、大慈广场和东广场，如图 8.48 所示。

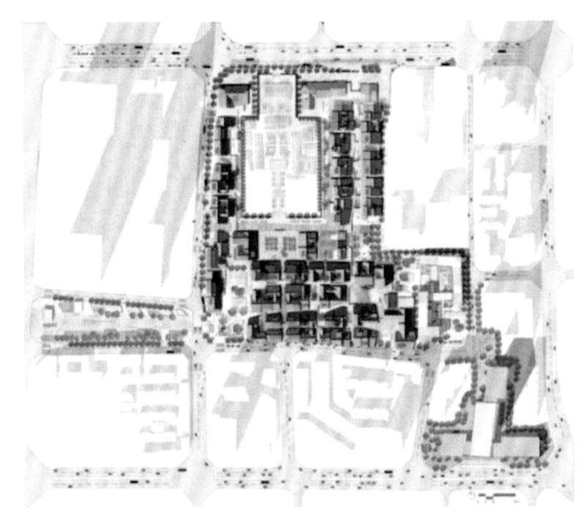

图 8.48 成都太古里总平面图

B 道路规划

成都太古里保护和继承了原始街区的道路肌理，并在原有肌理的基础上，丰富了街道肌理，疏通内部狭窄或端头路，使空间更为丰富，交通更为方便。 在太古里大慈寺块的变迁过程中，其核心保持不变，保护大慈寺的街区的历史建筑。延续其传统街巷格局，使外部环境与其相融合。太古里商业区重新找回其历史痕迹和模式，并利用这一点恢复轴线和新的网格增长，形成新的街区布局并将大慈寺作为核心保护区。大慈寺街区在重新融合的过程中充当了新环境的底图，再加上新的环境、新的商业开发区，一起形成了连接周围现代商业区和交通环境的连续体，如图 8.49、图 8.50 所示。

东方的街道和西方的广场是中国和西方传统生活空间与城市空间相连的方式。 街道和广场都有明显开放特征，太古里的商业形式使用这两个元素在现场布局，形成线性和平面的商业布局。通过两层走廊和上下交通，形成了一个立体商业空间。 首先是街道空间，

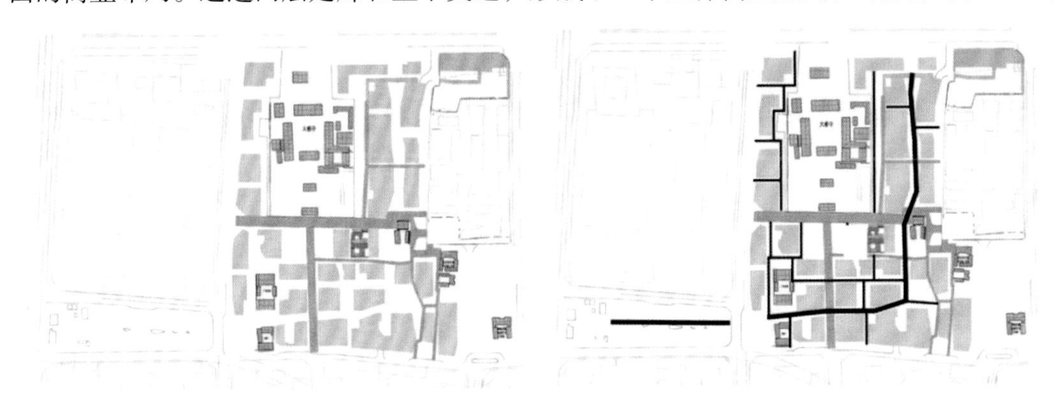

图 8.49 原有道路肌理图　　图 8.50 现有规划道路肌理图

太古里整体建筑规模和历史建筑的规模是基本吻合的，该场地的原始街道模式可以很好地适应商业步行空间，并具有密切的联系；其次，商业空间缺乏传统建筑的秩序感，广场具有空间定位的作用以及举办活动和聚会的效果。原始格局中主广场的形成使得大慈寺成为中心位置，其他广场作为次广场，增加了空间的层次感。

C 建筑风格

成都远洋太古里的建筑被设计为公共空间的背景。宽窄不一的街巷，以两层为主、局部三层的退台策略，通过广场和庭院空间进一步形成的缩放格局都别具一格。现代建筑与传统的倾斜屋顶相结合，轻巧简约。建筑材料和纹理很简单，如灰色陶土砖、木材、灰色瓷砖、石头等，与周围的高层建筑形成鲜明对比。靠近街道的低层建筑，允许商店创造性地设计外立面，呈现出色彩缤纷的街道。在大慈寺的历史保护区，除了大量的传统木屋外，还有许多在民国时期建造的西式砖和木结构的四合院，主要是一些私人兴建的公馆。单层四合院或三合院作为基本单元，常有带有西式风格的砖砌门楼，总体形式比较接近上海早期的里弄建筑。太古里以"城市更新"的概念，利用现有的六座历史建筑进行有机整合和保护。首先是修复现有的六座古建筑。其中，广东会馆墙壁上的红柱、横梁和浮雕完全保存完好。在此基础上，六座古建筑被用于保护，例如：在广东会馆改造后，它将作为公共展览和活动场地；修建于明朝的惜字塔被完整移至大慈寺与太古里之间的广场，作为新旧建筑进行对话的表现，古老的建筑保留了其原有的风格，并重新焕发出活力。保留的私人宅院则被包容在新的商业群落中用以延续整个太古里建筑的传统意境。太古里地面商业建筑均为独栋，造型上体现四川平原区常见的川西民居风格，斜坡是建筑的一大特色。它完美地展现了川西传统民居的精神内涵，用现代材料进行诠释。在街道和胡同建筑的一侧，文化和历史资产被放在一个点上，呈现出成都远洋太古里项目的独特历史内涵，如图 8.51 所示。

（a）

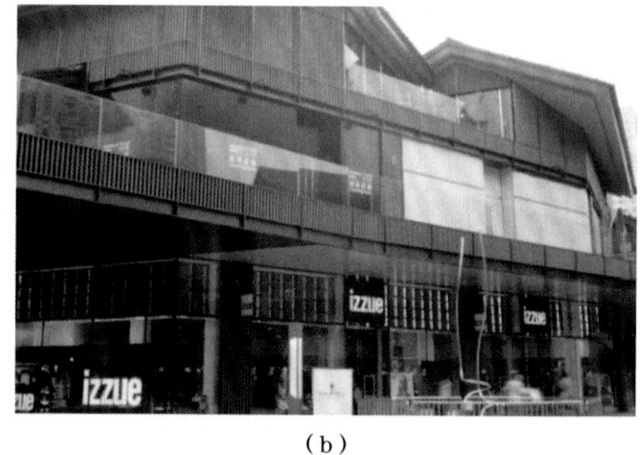

（b）

图 8.51 太古里建筑外立面实景

（a）外景（一）；（b）外景（二）

D 景观小品

太古里的景观设施多根据街区整体色调风格而设计，简约大气配古朴沉稳、时尚兼具怀旧。地面铺装主要由石材制成，呈现出悠久的历史感；导视系统以金属材质的暗色立柱沿街排布，在白天作景观，夜晚作照明；凳等设施以石材或木材设计为简约异形体块，三五组合，配合遮阳植被。街区雕塑19处，一层12处，二层7处，多出自国内外名家之手，雕塑以现代艺术设计风格为主，采用金属材质，色彩明亮鲜艳，与街区沉稳风格形成对比，增添视觉乐趣。当夜幕降临时，这些雕塑在LED灯的投射下反射在地面上，东西方的智慧和哲学思想也洒满了广场。观众还可以通过交互式触摸点改变光线的颜色，就像打开丰富多彩的诗歌画卷一样，如图8.52所示。

(a) (b)

(c) (d)

图8.52 太古里景观小品组合图

(a) 外景（一）；(b) 外景（二）；(c) 外景（三）；(d) 外景（四）

8.3.3 再生效果

8.3.3.1 新老环境融合

成都太古里根据原有的古建筑比例，采用最新的国际保护和修复体系，融入更多的文化理念和对建筑保护的新理解，根据不同的建筑风格定制未来的用途，最大化并保持其历史和文化价值。四川西部古民居古朴典雅的建筑风格，古老的街道和小巷，以及旧成都的都市风格和人文魅力得以保留。令人心旷神怡的市中心即将重新焕发活力，并继续为未来写下更多历史。让繁忙的都市人在这里放慢脚步，过上美好的生活。古老的韵律、人性的优雅、艺术的光彩、街道和小巷的购物休闲氛围相互碰撞，形成了色彩缤纷、多层次、充满生机的公共空间。一个崭新的城市中心即将揭幕。令人兴奋的活动一个接一个地进行，生动有趣的生活从这里绽放。

8.3.3.2 街巷尺度匹配

在大慈寺块的原始肌理中，传统的居民庭院位于寺庙的一侧。历史街区的主要活动是在街巷上步行，邻里生活空间的街巷尺度，在成长过程中在有限的空间里不断集约，形成了密集和相互紧密联系的生活场所。成都太古里通过使用地下多层空间保证了地面的开放性；单一建筑规模与大慈寺建筑相当，但是屋顶的分层破碎削弱了单体规模，如图 8.53 所示。

（a）

（b）

图 8.53 太古里夜景

（a）外景（一）；（b）外景（二）

参 考 文 献

[1] 陈业伟 . 旧城改建与文化传承 [M]. 北京：中国建筑工业出版社，2012.

[2] 肖平. 昆明老城区近代历史性建筑的变迁及再利用策略研究 [D]. 昆明：昆明理工大学, 2012.

[3] 王文卓 . 基于文化传承下的旧城更新研究 [D]. 西安：长安大学 ,2010.

[4] 付雪亮 . “城市双修”背景下老旧社区更新策略探讨 [J]. 建材与装饰 ,2018.

[5] 卿焱景 , 吴有奇 . “城市双修”背景下株洲市中心城区交通规划研究 [J]. 工程经济 ,2018.

[6] 付豫蜀 . 基于“城市双修”理念的传统街区更新和实施策略——以九襄镇民主村传统街区为例 [C]// 中国城市科学研究会，江苏省住房和城乡建设厅，苏州市人民政府 .2018 城市发展与规划论文集，2018.

[7] 陈望见 . “城市双修”对城市发展建设的作用研究 [J]. 低碳世界 , 2018(7) : 171~172.

[8] 欧阳尧 . “城市双修”背景下旧城更新策略研究——以湘潭市大河西滨江片区概念性规划为例 [J]. 智能城市 ,2018,4(13):1~3.

[9] 李颜 . “城市双修”理念下的生态地区城市设计策略 [J]. 建材与装饰 , 2018(28) : 106~107.

[10] 胡嫣雨 . 城市双修理念下城市旧区更新策略研究 [D]. 苏州：苏州科技大学 ,2018.

[11] 徐嘉辉 , 刘清华 . 城市修补视野下历史文化街区保护开发模式研究——以桂林正阳东西巷为例 [J]. 美与时代 (城市版),2018(5) : 32~33.

[12] 李医心 . 宜居城市视角下的城市文化建设问题研究 [D]. 泰安：山东农业大学 ,2017.

[13] 郭凌 , 王志章 . 城市文化的失忆与重构 [J]. 城市问题 ,2014(6):53~57.

[14] 任致远 . 关于城市文化发展的思考 [J]. 城市发展研究 ,2012,19(5):50~54.

[15] 王旭晓 , 王敬川 . 宜居城市与城市文化建设 [J]. 中国人民大学学报 ,2010,24(6):123~129.

[16] 吴良镛 . 中国建筑与城市文化 [M]. 北京 : 昆仑出版社 , 2009.

[17] 单霁翔 . 城市文化特色保护 [M]. 天津 : 天津大学出版社 , 2017.

[18] 李勤 . 历史街区保护规划案例教程 [M]. 北京 : 冶金工业出版社 , 2016.

[19] 杨保军 , 陈鹏 . 城市病演变及其治理 [J]. 城乡规划 ,2012(2): 55~63.

[20] 孙诗文 . 现代城市规划理论 [M]. 北京 : 中国建筑工业出版社 , 2007.

[21] 单霁翔 . 文化遗产保护与城市文化建设 [M]. 北京 : 中国建筑工业出版社 , 2009.

[22] 张经纬 . 城市历史文化遗产保护与城市更新 [J]. 遗产与保护研究 ,2018,3(6):87~89.

[23] 张凯 . 合肥市滨湖新城设计中文脉系统构建的理论研究 [D]. 合肥：合肥工业大学 ,2007.

[24] 栾一斐 . 城市历史街区的保护与更新研究 [D]. 大连：大连理工大学 ,2014.

[25] 高红秀 . 青岛中山路历史文化街区保护与改造研究 [D]. 青岛：青岛理工大学 ,2013.

[26] 周岚 . 历史文化名城的积极保护和整体创造 [M]. 北京：科学出版社 ,2011.

[27] 薛峰 . 棚户区和城中村改造策略与规划设计方法 [M]. 北京：中国建筑工业出版社，2017.

[28] 韦峰 . 在历史中重构 : 工业建筑遗产保护更新理论与实践 [M]. 北京：化学工业出版社，2015.

[29] 於晓磊 . 上海旧住宅区更新改造的演变与发展研究 [D]. 上海：同济大学 ,2008.

[30] 屈峰，孙若祎，吴声怡 . 三坊七巷文化空间构架与文化竞争力剖析 [J]. 厦门理工学院学报 ,2017：7~10

[31] 唐第 . 宽窄巷子历史文化保护街区公共艺术设计 [D]. 成都：西南交通大学 ,2018.

[32] 邱硕 . 城市的空间表述冲突与新表述空间生成 : 以成都宽窄巷子为例 [J]. 文化遗产研究 ,2017(2) : 45~55.

[33] 郭超 . 城市历史住区的再生路径探析——"居住 +"理念在南京荷花塘历史住区的规划设想 [C]// 中国城市规划学会，东莞市人民政府 . 持续发展理性规划——2017 中国城市规划年会论文集（20 住房建设规划）.2017: 12.

[34] 洪艳 , 濮东璐 . 杭州拱宸桥西历史街区现代适应性研究 [J]. 建筑与文化 ,2017(3):222~223.

[35] 华琳 . 南京荷花塘历史文化街区社区特征及发展建议 [C]// 中国城市规划学会 , 沈阳市人民政府 . 规划 60 年：成就与挑战——2016 中国城市规划年会论文集（17 住房建设规划）.2016: 14.

[36] 游媛媛 . 基于有机更新理念的成都历史文化街区景观改造设计研究 [D]. 成都 : 西南交通大学 , 2016.

[37] 张春霞 . 南京荷花塘传统巷井空间特色与保护策略研究 [D]. 南京：南京艺术学院 , 2015.

[38] 张春霞 , 谢金之 . 传统街巷空间形态探析——以南京荷花塘为例 [J]. 齐鲁艺苑 ,2015(2) : 78~81.

[39] 张春霞 , 谢金之 . 南京荷花塘传统院落的空间形态探析 [J]. 艺术探索 , 2015, 29(2) : 101~103.

[40] 罗盈 . 成都历史文化街区的现状与发展研究 [D]. 广州：广东工业大学 , 2014.

[41] 张曦 . 杭州市拱宸桥桥西历史街区保护与更新研究 [D]. 杭州：浙江大学 , 2013.

[42] 刘明霞 . 成都宽窄巷子历史街区外部空间规划建成后评析 [D]. 北京：清华大学 , 2012.